U0307466

起源

地球如何塑造了我们

ORIGINS

How the Earth Made Us

[英] 刘易斯·达特内尔 著

李亚迪 译

新世界出版社

NEW WORLD PRESS

　　本书中文简体字版通过 **Fantasee Media Co., Ltd.（杭州耕耘奇迹文化传媒有限公司）**授权新世界出版社在中国大陆地区出版并独家发行。未经出版者书面许可，本书的任何部分不得以任何方式抄袭、节录或翻印。

　　北京版权保护中心引进书版权合同登记号：图字 01-2020-5758 号

图书在版编目（CIP）数据

　　起源：地球如何塑造了我们 ／（英）刘易斯·达特内尔著；李亚迪译. -- 北京：新世界出版社，2021.3
　　书名原文：Origins:How the Earth Made Us
　　ISBN 978-7-5104-7202-2

　　Ⅰ. ①起… Ⅱ. ①刘… ②李… Ⅲ. ①地球科学—普及读物 Ⅳ. ①P-49

　　中国版本图书馆 CIP 数据核字（2020）第 264770 号

起源：地球如何塑造了我们

作　　者：[英] 刘易斯·达特内尔
译　　者：李亚迪
责任编辑：丁　鼎
责任校对：宣　慧
责任印制：王宝根　苏爱玲
出版发行：新世界出版社
社　　址：北京西城区百万庄大街 24 号（100037）
发 行 部：(010) 6899 5968　(010) 6899 8705（传真）
总 编 室：(010) 6899 5424　(010) 6832 6679（传真）
http://www.nwp.cn
http://www.nwp.com.cn
版 权 部：+8610 6899 6306
版权部电子信箱：nwpcd@sina.com
印　　刷：三河市骏杰印刷有限公司
经　　销：新华书店
开　　本：880mm×1230mm　1/32
字　　数：200 千字　　印　　张：8.75
版　　次：2021 年 3 月第 1 版　　2021 年 3 月第 1 次印刷
书　　号：ISBN 978-7-5104-7202-2
定　　价：48.00 元

Contents 目录

Contents **目录**

导言

世界从何而来？

　　这里指的不是"我们从哪里来"这类深奥的哲学问题，而是科学问题：地球上的陆地、海洋、山川和沙漠等主要形态究竟是如何形成的？我们星球的地形和活动，甚至宇宙的环境，如何影响了我们这一物种的出现和发展，以及我们的社会和文明的历史？地球这位面貌独特、情绪无常，偶尔愤怒爆发的"人物"，在哪些方面主导着人类的发展方向？

　　我想探索地球是如何塑造我们的。当然，我们乃至世间万物都源于地球。你身体里的水曾流过尼罗河，随季雨降落在印度，成为太平洋上的一股气旋；你细胞内的有机分子中的碳是我们吃的植物从大气中摄取的；你汗液与泪液中的盐、骨骼中的钙，以及血液中的铁都来自受侵蚀的地壳岩石；你头发和肌肉中的蛋白分子中的硫来自火山喷发。我们使用的工具和科技产品，无论是石器时代早期粗糙的手斧，还是今天的电脑和智能手机，也都是通过开采、提炼地球给予我们的原材料而成的。

　　正是地球活跃的地质活动推动了我们祖先在东非的演变，

使之成为一种独特的拥有智慧、善于交流且足智多谋的类人猿[①]，而多变的气候促使我们在世界范围内迁移，成为地球上分布最广的动物物种。其他大规模的行星进程和活动创造了不同的地貌和气候带，影响着不同文明的出现和发展。地球对人类的影响，小则微不足道，大则翻天覆地。在本书中，我们将看到地球的气候持续变冷和干燥与大部分人早上吃吐司喝麦片粥的习惯有何关联；大陆板块的碰撞如何使地中海地区变成多元文化的大熔炉；以及欧亚大陆不同的气候带如何从根本上孕育出截然不同的生活方式，塑造了整个大陆数千年的历史。

　　如今，我们非常重视人类对环境的影响。随着时间的流逝，激增的人口对资源的消耗之多前所未有，对能源的榨取也愈加肆无忌惮。智人已经取代自然成为支配地球环境的主要力量。人类建造城市、铺设道路、为河流筑坝，以及各种工业和开采活动都对环境产生了持久而深刻的影响：重塑地貌，改变了全球气候，造成了大规模的物种灭绝。为了显示人类活动对自然界的决定性影响，科学家们提议，命名一个新的地质年代——人类世（Anthropocene），即"人类的近代"。但作为一个物种，我们仍与地球有着千丝万缕的联系，地球的演变给我们留下了深刻的烙印，就像我们的活动也给自然界留下了不可磨灭的印迹一样。要了解我们自己的故事，就要先读懂地球，包括地貌

[①] 顺便提一下，东非大裂谷不仅是人类演化的摇篮，还是我童年成长的地方：我在内罗毕读书，和家人一起在东非大裂谷的大草原、湖泊和火山附近度假。正是这些经历让我对人类的起源产生了终生的兴趣。——如无特殊说明，本书中的脚注均为作者注。

特征、地质构成、大气环流、气候区、板块构造与早期的气候变化。在本书中，我们将探讨环境对我们的影响。

在我上一本书《世界重启》中，我做了一个思想实验：假如遭遇末日，我们将如何从零开始快速重构我们的文明。我用"失去我们日常生活中习以为常的一切"这一观念来探索我们文明背后的运作方式。那本书本质上是对重大科学发现和技术创新的调查，这些发现和创新使我们能够建立现代世界。这次我想做的是拓宽视野，不仅要讨论我们发展至今所仰赖的智慧，还要找出更原初的线索。我们现代世界的根源可以追溯到很久以前，如果我们顺藤摸瓜就会发现其中的因果关联，这些关联常常把我们带回到我们星球的起源。

如果你与一个孩子进行过交谈就会明白，当一个好奇的六岁小孩问你"某物如何运转"或"某物为何如此"时，你脱口而出的答案永远不会令人满意，只会引来更多问题。一个简单的问题总会引出一连串的"为什么""但是为什么呢""那是为什么呢"。在无尽的好奇心的驱使下，这个孩子想要弄清他所处世界的本来面目。我想以同样的方式来探索人类的历史，一层接一层地钻研问题的根本，探究那些表面上看似毫不相关，实际却紧密联系的种种。

历史是混沌、杂乱而随机的——几年的干旱会导致饥荒和社会动荡；火山喷发会摧毁周围的城镇；血腥厮杀的战场上，将领的一次决策失误就会葬送一个帝国。但是，除了历史的偶然性之外，如果你以足够广阔的视角来看我们的世界，那么从时间和空间上，你都可以看出历史其实有其确定的发展趋势和可靠的常量，并能阐释如此发展的终极原因。当然，我们星球的构成并不能解释一切，但其中确实有几条清晰的主线。

我们所考察的时间跨度极广。整个人类历史只是地球演化中的一帧静态画面而已。不过，世界并非一成不变，尽管陆地和海洋在地质学上的变化是缓慢的，但地球过去的面貌还是对我们的故事产生了很大的影响。我们将考察过去数十亿年中地球的不断变化和生命的发展，过去五百万年里地猿始祖的演化，过去数十万年里人类能力的提高以及在世界范围内迁移的情况，过去一万年里文明的进步，过去一千年里的商业化、工业化和全球化趋势，以及过去一百年里我们如何理解地球的起源。

在此过程中，我们会来到历史的尽头，甚至历史产生之前。历史学家通过解读人类的文字记录，勾勒出最早期文明的样貌。考古学家通过挖掘文物和遗址，推断出我们史前的狩猎生活。古生物学家则拼凑出人类作为一个物种的演化史。要再往前回溯，我们就需要其他科学领域的帮助：我们将浏览组成地壳的岩石层中留存的信息；阅读细胞基因库中携带的古代遗传密码；再透过天文望远镜观察塑造我们世界的宇宙力量。历史和科学这两条叙述线索编织在一起，构成了贯穿全书的经纬线。

每种文化都有自己的起源故事——从澳大利亚土著居民的梦幻时代到祖鲁人的创世神话。不过，现代科学已经形成了一套完整和迷人的描述，来解释世界的形成和人类的演化。除了瑰丽的想象，如今，我们还能借助多种探索工具描绘出真正的创世记。这就是本书要讲的起源故事——整个人类以及我们赖以生存的星球的故事。

　　我们将探讨为什么地球在过去的几千万年中一直经历着漫长的降温和干燥过程，以及这一过程是如何产生出我们要培育的植物和要驯化的植食性动物的。我们还会探索最后一个冰期如何使我们迁移到世界各地，以及为何我们只在现今的间冰期定居下来并发展农业。我们还将回顾人类如何学会从地壳中提取并利用各类金属，不断引发工具与科技的革新，以及地球如何给予人类化石能源，为工业革命以后的世界提供能量。我们将从地球大气和海洋的基本环流系统出发，讨论"地理大发现时代"，以及水手们如何逐步了解了风的模式和洋流，以建立洲际贸易航线和海洋帝国。我们还要探究地球的演变如何催生今天的地缘政治问题，并持续影响现代政治，例如美国东南部的政治版图如何受到7500万年前的古老海底沉积物的持续影响，以及英国的选票分布如何反映出3.2亿年前石炭纪地质沉积物的位置。通过了解我们的过去，我们可以了解现在，并为未来做好准备。

　　在讲述终极起源故事之前，让我们先思考一个最深刻的问题：哪些行星活动影响了人类的演化呢？

第一章　人类源起

我们都是猿类。

演化树上，人类这一支叫作人族（hominins），属于支系更庞大的灵长类动物①。现存和人类亲缘关系最近的动物是黑猩猩。遗传学表明，我们与黑猩猩的分化是一个漫长的过程，早在大约1300万年前就开始了，而杂交一直持续到大约700万年前。但最终，我们的演化之路发生了分歧，一条演化成我们现在常见的倭黑猩猩，另一条则演化成不同的古人类，即人类所属的智人（*Homo sapiens*）。从这个角度来看，人类并非从猿类演化而来——我们仍旧是猿类，就如我们仍旧是哺乳动物一样。

人族演化中的所有重大转折都发生在东非。东非位于赤道附近的热带雨林带，与刚果民主共和国、亚马孙流域和东印度的热带群岛地处同一纬度。按理说，东非也应该有茂密的丛林，但实际上却只有干旱的稀树草原。我们的灵长类祖先原本生活在树上，靠水果和树叶为食，后来栖息地突遭巨变，原本茂盛的森林变成了干旱的稀树草原，于是在树林间攀爬腾跃的灵长类不得已选择了直立行走，以便到金色的草原上捕猎。

---

① 我们将在第三章讲述导致灵长类动物出现的行星活动。

究竟是什么原因导致了这一特殊区域发生改变，创造了一个能让适应性强的智慧生物开始演化的环境？在非洲，演化出了众多类似的、拥有智慧的、会使用工具的原始人种，为何智人最终能够接管地球，成为我们演化分支中唯一的幸存者？

全球变冷

我们的星球处于频繁的活动中，地貌总在不断地改变。从时间原点快进，你会看到大陆地壳不停地变换位置，时而碰撞，时而结合，然后再度分裂；广阔的海洋忽然出现、缩小，然后消失。大型的火山链猛烈喷发，岩浆嘶嘶作响；大地因地震而颤动；平地升起万丈高山，之后又复归于土。这些剧烈的活动都源于板块构造，它是人类演化的终极原因。

地球的外壳，即地壳，就像易碎的蛋壳，包裹着下方灼热黏稠的地幔。接着，地壳碎裂，破碎成许多独立的板块，漂浮在地球表面。大陆地壳比较厚，由密度较小的岩石组成；大洋地壳比较薄，但密度较大，因此不如大陆地壳抬升得高。大部分板块都包括大陆地壳和大洋地壳两部分，这些"筏"在炽热的地幔上漂移，随着地幔的流动，彼此不停地碰撞。

在两个板块碰撞的聚合性板块边缘，一定会发生地质活动。其中一个板块的前缘会俯冲到另一个板块之下，被引至熔炉般的地幔，造成地震频发、火山链活跃。由于大陆地壳的岩石密度较小，浮力较大，所以在板块的碰撞中大洋地壳几乎不可避免地会处于下方。直到海洋被完全吞没，俯冲才会停止。此时，两块大陆地壳会融合在一起，并在融合边界形成一条高大的褶皱山脉。

离散型或扩张型边界是指两板块相互分离的地方。地层深处的地幔热物质从裂缝中涌出，就像鲜血从手臂的伤口溢出那样，冷却后变硬形成新的地壳。不断扩大的裂缝可能将一个大陆一分为二，但新的地壳由于密度大、位置低，容易灌入海水，因此扩张型边界会形成新的大洋地壳——大西洋中脊就是海床上此类缝隙扩大的显著例证。

板块构造是本书提纲挈领的主线，但现在，我们要重点关注一下气候变化在最近的地质史上究竟是如何为我们的出现创造出适宜的条件的。

在过去 5000 万年左右的时间里，全球气候不断变冷。这一过程被称为新生代变冷（Cenozoic cooling），在大约 260 万年前达到顶峰，也就是我们将在下一章详细讨论的冰河时期。这种长期的全球变冷趋势主要是由于印度洋板块和欧亚板块碰撞形成了巍峨的喜马拉雅山脉造成的。随后，高耸的岩脊受到侵蚀，消耗了大气中大量的二氧化碳，从而减少了之前保存地球热量的温室效应（见第二章）的影响，导致温度下降。反过来，全球温度降低使海水蒸发量减少，从而创造了一个少雨、干燥的世界。

虽然这一板块活动发生在 5000 公里外的印度洋上，但它也在我们演化的过程中产生了直接的区域效应。喜马拉雅山脉和青藏高原使印度和东南亚地区形成了强大的季风系统。印度洋上空这种巨大的吸力作用也带走了东非地区的水汽，减少了当地的降雨量。其他一些全球性的板块活动也是东非干旱气候的"帮凶"。大约400万到300万年前，澳大利亚和新几内亚向北漂移，阻塞了一条被称为印尼海道（Indonesian Seaway）的海峡。从此，南太平洋暖流西行受阻，而北太平洋寒流直接流入印度洋中央。印度洋水温降低，蒸发量减少，因而东非的降水量随之减少。但最重要的是，非洲本身也发生了另一场剧烈的板块运动，这对我们的出现起到了至关重要的作用。

演化的温床

大约3000万年前，一股炽热的地幔柱从非洲东北部升起，土地被迫向上隆起近1000米，像一颗巨大的"青春痘"。"痘"顶上的大陆地壳被撑得稀薄，最后在中央出现了一系列裂缝。东非大裂谷（East African Rift）大致沿着南北走向，形成了一条横穿现在的埃塞俄比亚、肯尼亚、坦桑尼亚和马拉维的东部分支，以及一条穿过刚果民主共和国，延伸到坦桑尼亚交界的西部分支。

这一撕裂地球的过程在北部更加剧烈，直接撕裂了地壳，使岩浆沿着长长的裂缝渗出，形成了一个新的玄武岩地壳。之后，海水注入裂缝，形成红海；另一条裂缝则形成了亚丁湾。海底逐渐扩张的裂谷分裂了"非洲之角"（Horn of Africa）的大块地壳，形成了新的构造板块——阿拉伯板块。东非大裂谷、红海和亚丁湾三者呈"Y"形交汇，在交汇处的中心是一个低洼的三角地带，被称为"阿法尔区"，横穿埃塞俄比亚东北部、吉布提和厄立特里亚。我们稍后会讲到这片重要的地区。

东非大裂谷从埃塞俄比亚到莫桑比克，绵延数千公里。由于地下的岩浆柱不断膨胀，裂谷仍在扩大。这一"伸展构造"的过程使整个岩石板块沿断层破裂，两侧被推升为陡峭的悬崖，中间的地壳沉降为谷底。大约在 550 万到 370 万年前，正是这一过程构造了如今的裂谷地貌：一条海拔 800 多米的宽阔深谷，两侧山脊连绵悠长。

地壳隆起和裂谷两侧的高山产生的一个主要后果就是阻挡了东非大部分地区的降雨。从印度洋上吹来的潮湿空气在这里被迫爬升，然后冷却和凝结，在近海形成降水。在更远的内陆地区创造了更干燥的气候条件——形成了一种被称为雨影的地理现象。与此同时，非洲中部雨林的潮湿空气也被裂谷的高地阻挡，无法东进。

喜马拉雅山脉的崛起、印尼海道的阻绝、东非大裂谷两侧高山的抬升，都导致了东非的干旱。东非大裂谷的形成改变了这个地区的生态系统，使气候和景观发生了变化。东非从单一的、覆有茂密热带森林的平坦之地，变成了高山和深谷交织的、崎岖不平的山地，植被包含云雾森林、稀树草原和沙漠灌丛。

虽然大裂谷在大约 3000 万年前就开始形成，但大部分抬升和干旱化进程却发生在过去三四百万年间。这一时期人类开始演化，东非的景观从《人猿泰山》式变成了《狮子王》式。长期干旱使森林栖息地不断萎缩，变得支离破碎，取而代之的是稀树草原，成为原始人类从树栖的猿类中分化出来的主要因素之一。干旱的草原也养育了很多大型植食性哺乳动物，例如人类后来猎捕的羚羊和斑马等有蹄类动物。

但这不是唯一的因素。裂谷的板块运动造就了极其复杂的环境，咫尺之间，裂谷呈现出多种不同的面貌：树林和草地、山脊、陡峭的绝壁、山丘、台地和平原、山谷，以及裂谷底部深邃的淡水湖。这种马赛克一般的环境，为人类提供了丰富多样的食物来源、资源和机遇。

随着裂谷扩大、岩浆上涌，活跃的火山链喷出浮石和烟灰，覆盖了整个地区。东非大裂谷沿线布满了火山，其中很多都是在过去几百万年中形成的。它们大部分位于大裂谷内部，但一些最高大、最古老的山脉则矗立在裂谷边缘，包括肯尼亚山、埃尔贡山和非洲第一高峰乞力马扎罗山。

频繁的火山喷发溢出了熔岩流，这些熔岩流凝固成横贯大地的岩石山脊，手脚轻快的人类能轻松穿越其中。裂谷内陡峭的崖壁为人类追捕的猎物提供了天然屏障，早期的猎手能预测并掌握猎物的行踪，限制猎物的逃生路线，将它们引入陷阱。这种环境还能为脆弱的早期人类提供一定程度的保护，从而躲避四周徘徊的食肉动物。崎岖多变的地形似乎正是人类繁衍生息的理想环境。早期人类像我们一样是相对弱小的生物，既没有猎豹的速度，也没有狮子的力量，但他们学会了协作，利用地形构造和火山的复杂性进行捕猎。

在我们的演化过程中，积极的构造活动和火山作用创造并维持了这种丰富多样又不断变化的景观。其实，由于东非大裂谷是一个构造活动非常活跃的地区，现在的景观与人类最初定居时已有了天翻地覆的变化。随着裂谷不断地扩张，原始人类在谷底的栖息地现已彻底移位，被抬升至裂谷的两侧；今天的考古学家就是在这里发现了古人类的化石和考古证据，而这些化石和考古证据已经完全脱离了原始环境。这条大裂谷，即当今世界上规模最大、历史最悠久的伸展构造地区，对我们的演化起到了至关重要的作用。

从树栖到使用工具

截至目前，我们发现的第一种无可争议的古人类化石是始祖地猿（Ardipithecus ramidus），他们生活在大约440万年前埃塞俄比亚阿瓦什河谷沿线的森林中。该物种体型与现在的黑猩猩类似，大脑尺寸也相近，牙齿透露出他们的杂食性。从骨骼化石来看，他们仍然生活在树上，双足行走的能力还处于萌芽阶段。大约400万年前，南方古猿属（Australopithecus）的第一批成员——南方古猿，表现出了和现代人共同的特征，例如具有纤细修长的体形（但头骨形状仍较为原始）且能够自如地用双足行走。在留存下来的化石中，阿法南方古猿（Australopithecus afarensis）名气较大。其中之一就是生活在距今320万年前阿瓦什河谷的一具保存得相当完整的女性骨骼，后来被称为"露西"①。

露西站立时大概只有 1.1 米高，但她的脊柱、骨盆和腿骨与现代人非常相似。尽管露西和其他阿法南方古猿（A. afarensis）②只有黑猩猩般的小脑袋，但他们的骨骼却清楚地表明，他们已经开始了长距离双足行走的生活。坦桑尼亚利特里（Laetoli）的火山灰沉积层上保存着三组距今 370 万年的脚印，很可能是阿法南方古猿留下的，看起来很像你在沙滩上漫步时留下的脚印。

在人类演化过程中，双足行走要远远早于大脑体积的增长——我们在会说话之前就已经会走路了。从南方古猿和早期的地猿化石可以看出，双足动物并不像以前学界所认为的那样，适应在开阔的稀树草原上行走，因为最初出现直立行走的原始人类时，它们还生活在树木茂密的地区。不过，随着森林日益萎缩，变得支离破碎，直立行走更容易适应环境。早先的人类起初是在森林间活动，然后冒险来到了开阔的草原。直立行走能让他们越过高高的草丛看到更远处，使身体暴露在烈日下的面积减到最小，帮助他们在稀树草原的炎热气候中保持凉爽。而对抓握和操作工具非常有用的对生拇指也是从我们树栖的灵长类祖先那里演化遗传来的。这种演化来的抓握树枝的对生拇指，也为我们抓握棍棒、斧头、钢笔和喷气式飞机的操纵杆做

---

① 因甲壳虫乐队的歌曲《露西在缀满钻石的天空》（*Lucy in the Sky with Diamonds*）而得名。1974 年，当她被发现后，挖掘现场大声播放着这首歌。

② 在讨论生物时，我们经常缩写属名。所以 *Australopithecus afarensis* 即为 *A. afarensis*。而霸王龙（*Tyrannosaurus rex*）最常见的名字是 *T. rex*。

好了铺垫。

大约 200 万年前，南方古猿属的人科动物全部灭绝，从中分支出了人属。能人（"手巧的人"，Homo habilis）是人属的第一个物种，他们纤细的体形与早期的南方古猿无异，只是脑袋略大一些。大约 200 万年前，在东非出现了直立人（Homo erectus,），他们的体型和脑容量都急剧增加，生活方式也发生了巨大转变。除了颅骨，直立人的骨骼结构与晚期智人非常相似，不仅适应远距离长跑，还演化出一副便于投掷物体的肩膀。他们还有其他一些和我们相同的特征，例如漫长的童年时代和高级的社会行为。

直立人可能是最早靠采集、捕猎为生，并掌握生火本领的人族——不仅仅是为了取暖，也可能是为了烹饪食物。他们甚至可能使用木筏在大片水域上航行。180 万年前，直立人已遍布非洲，随后可能在几次独立的迁徙大潮中成为第一种离开非洲、进入欧亚大陆的人族。这一物种延续了将近 200 万年。相比之下，晚期智人（解剖学上的现代人）只出现了大约 20 万年。眼下，我们如果能继续活上 1 万年都算是幸运的了，更不用说 200 万年了。

大约 80 万年前，直立人演化出了海德堡人（Homo heidelbergensis）；到大约 25 万年前，海德堡人又演化出了欧洲的尼安德特人（Homo neanderthalensis）和亚洲的丹尼索瓦人（Denisovan）。而晚期智人则出现在距今大约 30 万至 20 万年前的东非。

在人类演化过程中，人族越来越熟练地运用双足行走，然后成为效率更高的长跑健将。骨骼也随之发生变化，比如进化出 S 形脊柱、碗状骨盆和更长的腿，以便支持直立的姿势和运动方式。他们的体毛也大大减少，只剩下头皮上的毛发。他们的头形也发生了改变，鼻子缩小，下巴更加突出，脑袋越来越大，像一个大碗。事实上，早期的南方古猿属和我们的人属之间最大的差别就是大脑的尺寸。在 200 万年的演化过程中，南方古猿的大脑尺寸惊人地保持在 450 立方厘米左右，大致相当于现代黑猩猩的大脑尺寸。但能人的大脑增加了 1/3，约为 600 立方厘米。从能人到直立人再到海德堡人，大脑的体积增加了一倍。到了大约 60 万年前，海德堡人的大脑尺寸已与现代人类相近，大约是南方古猿的 3 倍。

　　除了大脑尺寸的增加，人族的另一个关键特征是我们如何将智慧应用于工具制造。最早被广泛使用的石器——被称为"奥杜威技术（Oldowan technology）"——可以追溯到大约 260 万年前，被后来的南方古猿、能人和直立人使用。河里的圆形鹅卵石被用来劈开另一块平坦的石砧上的骨头或坚果；由石核剥制的锐利石片，用于切、刮猎物的肉或做木工活。①

　　当直立人继承了"奥杜威技术"，并在约 170 万年前发展出"阿舍利工业（Acheulean industry）"时，石器时代的技术

---

① 已知的石器时代工具是用石英石、黑硅石、火山黑曜石和燧石等材料制成的。这些岩石的主要成分是硅化物——二氧化硅。二氧化硅始终是人类历史上变革性技术的基础材料，从石器到玻璃，再到现代计算机微芯片的高纯度硅晶圆，无一例外。因此，200 多万年来占据石器制造先进技术核心地位的东非大裂谷（如果你不介意我用双关），其实就是原始的硅谷。

革命发生了。阿舍利的石器工具更加精细，剥除的石片越来越小，从而制成更对称、更薄的梨形石斧。在相当长的一段历史时期中，这种技术占据着主导地位。后来经过转变，出现了莫斯特技术（Mousterian technology），它是冰河时期尼安德特人和晚期智人使用的一种石器技术。这一时期的石器，要在精挑细选的石核边缘不断敲打，最后，大块的石片被熟练地剥落下来——有用的是这些石片，而不是石核：一个薄而锋利的石片正好可以用作刀具，也可以用作矛尖或箭头。

有了这些石器和木矛，人族无须演化出其他掠食者的尖牙利爪便成了可怕的猎手。棍棒和石头就是我们捕获猎物或自卫的尖牙利爪，同时，我们还能与猎物和捕食者保持安全距离，将受伤的风险降到最低。

身体形态和生活方式在演化中互相促进。在人族发展出更高的奔跑能力和复杂的认知能力后，加上使用工具和对火的控制，捕猎变得更加高效，饮食中的肉类比例达到空前水平，为更大的脑容量提供了能量。反过来，这又催生出更复杂的社会互动与协作、文化学习与解决问题的能力，其中意义最深远的也许就是语言了。

气候钟摆

在我们的演化过程中，许多里程碑式的转变都留存在裂谷北端——恰好位于三个板块交汇处的三角形洼地——历史最悠久的阿法尔区。第一批古人类化石，即始祖地猿化石，出土于阿瓦什河谷，该河谷从埃塞俄比亚高原向东北部的吉布提延伸，其间恰好横穿阿法尔三角区的中部。河谷保存了 320 万年前露西的遗骸——事实上，她所在的整个种族——阿法南方古猿，就得名于这一区域。已知最古老的奥杜威石器出土于埃塞俄比亚的贡纳（Gona），贡纳也位于阿法尔三角区。不过，整条东非大裂谷都是人族演化的温床。

　　干燥的气候和具有各种各样地貌的裂谷系（包括火山脊和断层崖），为人类的演化提供了环境条件。虽然这种复杂的构造景观可能为迁徙漫游的人族提供了机遇，但仍不足以解释人族最初究竟是如何演化出如此不可思议的适应性和智能的。答案可归结为大裂谷奇特的伸展构造，以及它与气候变化之间的相互作用。

　　正如我们所看到的，在过去 5000 万年左右的时间里，世界总体上变得越来越凉爽和干燥；东非大裂谷的构造抬升和形成使得东非尤为干旱，森林逐渐绝迹。但在全球变冷变干燥的趋势下，气候如来回晃动的钟摆，变得极不稳定。在下一章中，我们会更详细地了解到，大约 260 万年前，地球进入了延续至今的冰河时期，其冰期和间冰期的交替受到了地球轨道和倾角，即米兰科维奇循环（Milankovitch cycles）的影响。东非距地球两极遥远，虽不致被蔓延的冰原覆盖，但并不意味着它没有受到这类宇宙循环的影响，特别是地球绕太阳的公转轨道周期性地被拉伸成一个卵形（即所谓的偏心率周期），这在东非形成了气候剧烈波动的时期。在每段极端变化时期，东非的气候要么极度干旱，要么潮湿多雨，转轴倾角的岁差周期也随之缩短。我们会在后面展开讲述这一点。

然而，这些宇宙周期和它们所驱动的气候波动已经持续数百万年了。想要了解人类演化的奥秘，就要先了解对东非影响最大的那些地理活动（例如构造抬升和断裂对整个地区造成的干旱，或者岁差带来的季节变换）在极其缓慢地发生作用，生物在它们面前如同蜉蝣。而智力和极其灵巧的行动能力就像一把多功能的瑞士军刀，帮助我们应对因环境发生重大变化而造成的各种挑战。一方面，如果某物种所处的环境长时间地改变，其后代的身体或生理就会相应地演进（例如适应常年干旱环境的骆驼）。另一方面，如果环境变化快于自然选择下身体的适应能力，那么智力是一种解决方案。因此，我们的祖先在短时间内一定遭受了某种影响，才能在强大的演化压力下发展出更加灵巧和智慧的行为。

东非的环境到底有哪些特殊之处，竟能演化出高度智慧的人族，比如我们人类？近年来，这一问题的答案又指向了该地区独特的构造环境。正如我们所看到的，东非随着地幔柱上涌而隆起，地壳被拉伸直到它破裂和断层。因此，非洲大裂谷的地理特征是大块地壳凹陷下去形成的平坦谷底，两侧是林立的群山。特别是大约300万年前，谷底出现了许多孤立的大型盆地，每逢雨水丰沛便会盈为湖泊。这些深水湖泊对人族非常重要，因为在每年的旱季，它们是比溪流更可靠的水源。但其中很多湖泊的存在是很短暂的：随着时间的推移，它们的出现与消失只在气候的变换之间。

　　构造裂谷的景观在高地和谷底之间形成了鲜明的对比。雨水落在裂谷两侧高耸的崖壁和火山的山峰上，然后流入散布在谷底的湖泊，谷底气温要高得多，蒸发速度也快得多。这意味着裂谷中的许多湖泊对降水和蒸发之间的平衡非常敏感，甚至轻微的气候变化也会导致水位出现大幅波动，敏感度远远超过非洲，甚至世界各地的湖泊。由于局部气候的微小变化会导致这些重要水体的水位发生巨大的变化，它们因此被称为"放大器湖"——就像一个可以增强微弱信号的高保真放大器。人们认为，这些特殊的"放大器湖"为裂谷长期的构造运动和地球气候变化之间提供了关键的联系，而栖息地的迅速变化直接并且极大地影响了我们的演化。

　　我们星球的宇宙环境中有两点尤为重要：地球绕太阳公转轨道的拉伸（偏心率）和地轴的进动（岁差）。每当公转轨道被拉成更加细长的形状（最大偏心率）时，东非的气候就变得非常不稳定。在气候变化的每一阶段，只要岁差周期使北半球多一点点太阳辐射，裂谷两侧的崖壁上就会降下更多雨水，导致"放大器湖"出现并扩大，湖岸长出树木。相反，如果岁差周期短，裂谷的降雨量就会减少，湖泊随之萎缩或完全消失，裂谷又恢复极度干旱的状态，植被极为稀少。总体而言，过去几百万年来，东非的环境大都非常干燥，但其中也穿插着气候在两个极端之间快速变化的时期，忽而水量丰沛，忽而又极度干旱。

　　这种多变期每 80 万年左右发生一次，在此期间，"放大器湖"就像接触不良的灯泡一样忽闪忽灭——每次摆动都会导致水、植被和食物的存量发生巨大变化，这对我们的祖先产生了深远影响。在这种瞬息万变的条件下，灵巧且适应性强的人族生存了下来，而后演化出了更大的大脑和更高的智慧。

最近三次极端气候的变化期分别发生在270万—250万年前、190万—170万年前，以及110万—90万年前。通过研究化石，科学家们发现了一个有趣的现象。新人种的出现（大脑尺寸通常也会增加）或灭绝的时间，经常与这种多变的干湿期吻合。例如，在190万—170万年前的变化期，裂谷里七个主要湖泊中的五个反复盈满再蒸干。正是在这个时期，不同人种的数量达到了顶峰，还出现了大脑尺寸急剧增大的直立人。总之，我们已知的15种古人类中，有12种是在这三个气候变化期出现的。此外，我们前面讨论过的工具技术的三个不同的发展和传播阶段——奥杜威、阿舍利和莫斯特——也对应着极端气候变化的反常期。

这些气候变化期不仅主导着我们的演化，似乎还促使其中几个人种迁出自己的出生地，进入了欧亚大陆。在下一章中，我们将详细探讨我们所属的智人究竟是如何扩散到世界各地的，但首先导致人族迁出非洲的条件，仍然取决于大裂谷的气候变化。

每当雨水丰沛时期，"放大器湖"都会盈满，充足的水和食物带来了人口的繁荣。但很快，裂谷两肩部的树林栖息地就变得局促和拥挤。于是，岁差周期的每一次潮湿气候的到来，如同气候泵一般，逼迫人类沿着管状裂谷进行迁移，最终将他们赶出了东非。气候更为潮湿时，古人类移民可以沿着尼罗河支流向北移动，穿过西奈半岛和黎凡特地区的绿色走廊，进入欧亚大陆。直立人在大约 180 万年前的气候突变期离开非洲。在欧洲，直立人演化为尼安德特人，而留在东非的直立人最终在 30 万—20 万年前演化为晚期智人。

下一章中，我们会看到我们自己的种族大约在 6 万年前离开了非洲。在穿越欧亚大陆时，我们遇到了之前几批人类移民潮的后裔——尼安德特人和丹尼索瓦人，但他们都在大约 4 万年前消失了，只有晚期智人得以存在。从大约 200 万年前非洲人类物种多样性的高峰开始，到穿越欧亚大陆时我们与其他关系密切的人类物种的交流（与交殖），再到最后智人孤独地存活在世界上，我们成为人属的唯一幸存者，也是整个人族谱系的幸存者。

人类究竟是如何走到这一步的？这本身就是一件怪事。我们从广泛的考古证据中了解到，尼安德特人本身就是一个适应性和智慧都非常高的物种。他们能制作精致的石质工具，用长矛捕猎，会使用火，并且可能已经懂得装饰自己的身体，甚至埋葬死者。他们的体魄也比智人健壮。然而，几乎就在我们抵达欧洲的同时，尼安德特人消失了。他们可能是因为冰河时期最恶劣的气候条件而灭绝的（尽管与我们同时抵达欧洲的离奇巧合似乎能驳回这种解释），或者是晚期智人（解剖学意义上的现代人）与这些先前存在的欧洲人发生过激烈冲突，将他们屠杀、彻底从历史舞台中移除。但最可能的解释是，在同样的环境中，我们比他们有获取资源的优势。一般认为，现代人具有更高的语言表达能力，因此社会协调和创新能力更高，制造工具的技艺也更先进。尽管我们离开非洲的时间最晚，但我们能制作缝纫针，在温度骤降的酷寒冰期便能使用更温暖、贴身的衣物。

智人用智慧而非肌肉战胜了尼安德特人，随后主宰了世界。这可能是因为我们的祖先在东非极端多变的气候中有更长的演化史，迫使他们发展出比尼安德特人更高的适应性和智慧。他们花了更长的时间来适应裂谷的干湿变化，因而能够更好地应对世界其他地方的不同气候，包括北半球冰川时期的气候。

总而言之，人类是过去几百万年里东非所有特殊地理活动的结果。地壳随着地下岩浆柱上涌而隆起，导致整个地区干旱化，使我们灵长目祖先居住的较平坦的森林变成干旱的稀树草原，这只是（人类出现的）部分原因。整片区域变得崎岖不平，陡峭的断层崖和火山熔岩凝固而成的山脉穿插交错：这是一个分散成不同栖息地的复杂的马赛克世界，且随着时间推移而不断变化。值得一提的是，东非的伸展构造将裂谷撑开，两侧形成可以收集雨水的特殊崖壁，谷底炎热无比。在地球公转轨道和地轴岁差周期的作用下，谷底的盆地周期性地形成"放大器湖"，这种湖能对微弱的气候波动迅速做出反应，从而对该地区所有的生命产生强大的演化压力。

这些独特的境况催生出了适应性强且灵巧的人类物种。我们的祖先越来越依赖他们的智力和社群合作。这种能随时空发生巨大变化的多样性景观是人类演化的摇篮。在这只摇篮里，一种赤身裸体，但拥有语言能力的聪明猿类诞生并开始探索自身的起源。智人的标志（智慧、语言、使用工具、社会学习和合作行为——使我们能够发展农业，生活在城市中并建立文明）是这种极端气候变化的结果，而这种变化本身是由东非大裂谷的特殊环境造成的。我们和其他物种一样，都是环境的产物。我们是东非气候和构造变化而形成的猿类。

我们是板块构造的产物

板块构造不仅为东非创造了供人类演化的多样化的动态环境，也影响着人类在何处构建早期文明。

如果你观察一下构造板块的边界图上相互交错的边界，再对照世界上几大古文明的位置，就会发现一种惊人的关联：大多数古文明都非常贴近板块边缘。考虑到地球上可居住栖息地的数量，这一发现不仅令人吃惊，且不太可能出于偶然。早在科学家发现板块裂缝之前数千年，早期文明似乎就选择了紧贴着构造裂缝。虽然地壳中的这些裂缝地带可能发生地震、海啸和火山喷发，但板块边界上一定有某种对古文明的创建有利的因素。

公元前 3200 年左右，印度河流域的哈拉帕文明（Harappan civilization）——世界上最古老的文明之一——在喜马拉雅山脚下一条低洼的谷地中诞生。构造板块相互碰撞造成了众多褶皱高山，例如由印度板块和欧亚板块碰撞而成的喜马拉雅山，但山脉的巨大重量也使周边的地壳凹陷，形成低洼的沉降盆地。从喜马拉雅山流出的印度河和恒河流经这个前陆盆地，带来从山上侵蚀下来的沉积物，为早期农业生产提供了非常肥沃的土壤。你甚至可以说哈拉帕文明就诞生于印度与欧亚板块之间的碰撞。

在美索不达米亚，底格里斯河和幼发拉底河也流经一块沉降的前陆盆地，这块前陆盆地是由阿拉伯板块俯冲到欧亚板块下形成的扎格罗斯山脉所致。因此，美索不达米亚的土壤同样富含从山脉侵蚀出来的沉积物。亚述和波斯文明则也出现在阿拉伯和欧亚板块的交界处。

米诺斯、希腊、伊特鲁里亚和罗马文明也都非常接近地中海盆地复杂构造环境中的板块边界。在中美洲，玛雅文明起源于公元前 2000 年左右，遍及墨西哥东南部、危地马拉和伯利兹的大部分地区，主要城市建在由科科斯板块俯冲到北美和加勒比板块之下而形成的山脉中。后来的阿兹特克文化在同一片聚合板块的边缘附近繁荣发展，那里地震和火山不断，例如波波卡特佩特火山（Popocatepetl），即"冒烟的山"——阿兹特克人的圣山。[1]

大陆碰撞造就山脉，而山脚下的凹陷盆地形成肥沃的耕地，如美索不达米亚；除此之外，火山也能贡献肥沃的农耕土壤。它们在距离俯冲线 100 公里左右的地方成片出现，因为俯冲板

---

[1] 人类早期文明大都出现在构造边界，但主要有两个例外：埃及和中国。在埃及，尼罗河周期性的洪水，在埃塞俄比亚和卢旺达的构造裂谷周围的山脉中沉积了从其源头侵蚀出来的肥沃沉积物，滋养了埃及文明。华夏文明始于中国北方的黄河平原，然后向南延伸到长江流域，两条河流的源头都出自印度和欧亚板块碰撞隆起的青藏高原。因此，尽管埃及和中国的文明并非位于板块边缘，但它们的农业和财富仍然要归功于后来的构造特征。

块深入炽热的地球内部，熔化后形成沸腾的岩浆气泡，最终通过地表的火山口喷发。希腊、伊特鲁里亚和罗马等地中海文明，均出现在非洲板块俯冲到地中海地区较小的板块之下而成的肥沃的火山土壤区域。

　　构造应力还可撕裂岩石或将地壳上移，形成逆断层（thrust fault）。逆断层处常见瀑布。欧亚大陆南部由非洲板块、阿拉伯板块和印度板块碰撞而出的褶皱群山，恰巧位于地球的干旱带。阿拉伯沙漠和印度大沙漠（塔尔沙漠）等均位于这条干旱带，由大气环流（我们将在第八章进行讨论）中的干燥、下沉作用形成。通常，逆断层都位于地势较低的荒凉沙漠和巍峨挺拔的贫瘠山脉或高原的交界处，所以贸易路线也多沿这些地理边界展开。在途中，山脚下有水源的地方逐渐形成市镇，为旅途中的商人提供食宿。虽然构造运动能为原本干旱的环境带来水源，但如果地壳发生新的位移，这些市镇就非常容易被地震摧毁。

　　1994 年，伊朗东南部沙漠中的小村庄塞非达贝（Sefidabeh）被一场地震彻底毁灭。奇怪的是，这座村庄非常偏僻：它是通往印度洋的漫长贸易路线上为数不多的驿站之一，也是方圆100 公里内唯一的人类聚落。然而，地震仿佛瞄准了这里一般。原来它的地下深处正好有处逆断层。逆断层如此之深，以至于地表没有任何明显的迹象表明它的存在，比如一个泄露这一秘密的陡坡，因此之前地质学家没有发现它的存在。事后回想，唯一的表征是村庄附近一条不显眼的、略微隆起的山脊，它是在数十万年来的地震活动中慢慢形成的。这里形成聚居地是因为不间断的构造上冲运动使山脚下出现了水源——方圆数公里内唯一的水源。构造断层创造了条件，使沙漠中有了生命，但它也有可能造成死亡。

数千年来，人类都在利用这些逆断层带来的水源，这也解释了许多早期聚居地都集中在板块边缘的原因。然而，它正逐渐成为现代社会担忧的一个问题。伊朗首都德黑兰，起初只是厄尔布尔士山下一条贸易要道上的一排小城镇。该城市从 20 世纪 50 年代开始迅速发展，如今人口稠密，常住人口超过 800 万，加上工作人口将达到 1000 万以上。但是，数世纪以来，最初的那排贸易城镇不断被地震毁坏甚至夷平，因为下方的逆断层时常移动，以释放不断增加的构造应力。位于山脉远端、德黑兰东北部的大不里士，在 1721 年和 1780 年被地震摧毁两次，每次的伤亡人数都超过 4 万人，但当时的人口只是如今的九牛一毛。如果这处逆断层再发生大地震，德黑兰必将遭受毁灭性打击。数千年来，人们因为水源而选择在此类逆断层处定居，在板块边缘开辟商路，并在这里建造现代大都市，这些看似有利的地质遗产现在却成了我们格外脆弱的软肋。

我们是板块构造的产物。如今，世界上一些顶级大都市都位于构造断层上。事实上，很多最古老的文明都出现在组成地壳的板块边缘上。从根本上说，东非的构造运动对我们演化以及催生智力水平较高、适应性较强的智人至关重要。下面，让我们来谈谈地球历史的一段特殊的时期，该时期使人类能够迁移出东非大裂谷的出生地，并逐步主宰整个地球。

第二章 大陆漂泊者

　　我们现在生活在一个特殊的地质时期。这一时期的唯一显著特征就是——冰。听起来可能不可思议，因为我们现在常谈的是全球变暖。工业革命以来，地球平均温度不断升高，最近60年上升的速度尤其迅速，这是不可否认的。但是，最近几个世纪由人类活动而导致的温度跃升其实仍处在第四纪漫长的冰期内。大约260万年前，地球进入了最近的地质时代，气候体系也随之焕然一新，以反复出现的冰期为特征。这些情况对我们如今的世界以及人类的出现产生了深远的影响。

　　目前，我们正生活在一个间冰期，气候相对温暖，冰盖融缩，导致海平面上升。但在过去260万年间，平均气温要比现在寒冷得多。也许通过博物馆的展览和电视纪录片，我们可以了解地球在上一个冰期的样貌，当时北半球大部分地区都被辽阔的冰原覆盖，长毛猛犸象在冻原上逡巡，被剑齿虎和裹着毛皮、带着石矛的旧石器时代的人类追捕。

　　但这只是地球近代历史上冰川作用的最后阶段。地球在过去260万年中出现了40至50次冰期，一次比一次长，一次比一次冷。相对来说，第四纪的气候格外不稳定——地球的气候通常在寒冷的冰期和较温暖的间冰期之间摇摆，导致巨大的冰原周期性的扩张和收缩。冰期平均为 8 万年，冰期间的缓和期较短，只有大约 1.5 万年。每一个间冰期，例如我们 11 700 年前进入的全新世（Holocene Epoch），只不过是下一次冰期前短暂的温暖间隔期。稍后我们将了解到地球为何会出现这种不稳定的气候阶段。现在，让我们先来看看最后一个冰期的情况。

严寒时期

最后一个冰期大约始于 11.7 万年前，持续了 10 万年左右，直到现在全新世的间冰期。在大约 2.5 万至 2.2 万年前达到顶峰时，厚达 4 公里的巨大冰盖从北部延伸完全覆盖了北欧与美洲。另一块稍小的冰盖覆盖着西伯利亚，壮观的冰川从阿尔卑斯山、安第斯山、喜马拉雅山，以及新西兰的中央山脉倾泻而下。这些大面积的冰盖和冰川锁住了大量水源，导致全世界的海平面下降了 120 米，大陆块边缘的大多数大陆架暴露在外，成为干燥地面。北美洲、格陵兰岛和斯堪的纳维亚的冰盖一直延伸到大陆架的边缘，所以彼时大陆周围的海域可能覆盖着浮冰层。

除了周围冰盖带来的酷寒外，冰封的海面还会减少蒸发，导致气候更加干燥。呼啸的狂风将沙尘暴席卷过干旱的平原。欧洲与北美的大部分地区变得像冻土带一样，地表下的土壤常年冰冻（永久冻土），干枯的草原向南延伸，直到目不能及之处。今天欧洲的许多树种曾经只在地中海周围的少数地区存活，而中欧地区如今茂密的森林和林地在 2 万年前大概像现在的西伯利亚北部一样。

每个冰期结束时，海平面会再次上升，淹没大陆架。当间冰期气候回归，冰盖随即后撤，自然条件得到改善，世界各地的生态系统逐渐向两极延伸。迁徙在动物界里很常见——鸟类飞往南方过冬，角马如潮水一般涌过塞伦盖蒂平原——而森林也会迁徙。当然，树木不会将自己连根拔起迁到别处，但随着气候变暖，种子和幼苗每年都会向北挪动一点。长此以往，森林真的在前进（就像《麦克白》中预言的一样）。在最后一个冰期之后，欧洲和亚洲的树种平均每年以超过 100 米的速度向北迁移。动物们紧随其后——草食动物以植物为食，而肉食动物以草食动物为食。反复出现的冰期迫使植物和动物像海洋中的潮汐一样南北来回移动。

冰期的寒冷程度各不相同，间冰期也不尽相同。上一次间冰期大约发生在 13 万到 11.5 万年前，总体上比我们目前所处的间冰期更温暖。当时的气温至少比现在高 2℃，海平面高出约 5 米，而那些你能联想到的非洲动物当时遍布欧洲。20 世纪 50 年代后期，建筑工人在伦敦市中心的特拉法加广场（Trafalgar Square）进行挖掘作业时，发现了一系列大型动物的遗骸——犀牛、河马、大象，以及狮子——所有这些都可以追溯到上一个间冰期。今天，游客们站在纳尔逊纪念柱（Nelson's Column）的阴影中，争相与角落里的青铜守卫狮像合影。他们当中有多少人知道，在上一次间冰期时，人类竟然要提防货真价实的狮子呢？

虽然动物们在间冰期内活动范围暂时扩大，但第四纪总体上是一个漫长的冰期；即使在间冰期，两极仍覆盖着厚厚的冰盖。接下来，让我们来梳理一下地球最近的历史，看看地球如此寒冷和多变的气候是如何产生的。事实证明，这些反复出现的冰期与天体运行有关，我们可以通过地球相对于太阳的倾角变化和公转轨道来解释。

宇宙时钟

如果地球垂直转动，就不会形成四季。由于地轴偏转，北半球靠近太阳倾斜的半年中，太阳高度角较大，阳光更加垂直地照射地表，于是北半球接收的热量高于南半球，形成夏天。另外半年情况恰好相反，北方为冬天，南方为夏天。地球绕太阳的公转轨道也不呈正圆形，而是被拉长成鸡蛋一般的椭圆形。在周期为一年的公转轨道上，地球在某段时间会离太阳近些，六个月后又会离太阳远些。①

更为复杂的是，在太阳系其他行星（特别是巨大的木星）的引力作用下，地球的上述特征及公转轨道也会逐渐变化。地球外部的宇宙环境有三种显著的变化方式，这导致了我在上一章简要介绍的一系列天体周期。首先，在大约 10 万年的"偏心"周期中，地球的公转轨道时而接近正圆，时而近似椭圆。其次，在大约 4.1 万年的时间里，黄赤交角在 22.2°和 24.5°之间来回摇摆，使两极偶尔靠近或远离太阳。这种倾角对季节有很强的影响，即使微小

---

① 目前，北半球的夏季出现在地球位于椭圆形公转轨道的远日点时。

的角度变化也会使北极在夏季接收到的热量发生改变。最后，在最短周期内（2.6万年），地轴就像旋转陀螺一样做圆周运动，这个过程被称为岁差。岁差影响着北半球和南半球面向太阳的时间，从而改变了季节的长短（也被称为分点岁差）。目前，北极恰好指向北极星——在第八章中我将讲到它对航海的重要作用。但大约在1.2万年后，地轴会改变方向，指向一颗新的北极星——织女星，北半球的夏天也将出现在十二月。

因此，地球及其轨道的伸展、倾斜和摆动都会对地球的气候产生影响，而且会随着时间发生周期性的变化。这些周期性变化即我在上一章中简要提到的"米兰科维奇循环"，以首位发现这些宇宙周期如何影响地球气候的塞尔维亚科学家的名字命名。"米兰科维奇循环"不会减少公转周期内地表接收的太阳热量的总量；但它会改变北半球和南半球的热量分布，从而改变季节的强度。

出人意料的是，触发冰期的关键因素并不是北极冬季多么寒冷，而是那里的夏季有多凉爽。由于北方的夏季较冷，每年冬季的新降雪不会完全融化，因此会逐年积累。如果北极夏季比较凉爽，通常就意味着冬季较暖，这也有利于冰盖的堆积：海水温度越高，蒸发量越大，降雪量也越大。公转轨道的偏心率对地轴转动的影响尤其大，因为地轴做圆周进动。例如，每当这两个周期同步，北极向太阳倾斜时，地球的位置恰好位于椭圆轨迹上的最远点，此时北极将会迎来异常凉爽的夏季。因此，上一个冬天的冰雪还没完全融化就重新开始堆积。这样一来，地球就开始进入另一个冰期了。

接下来，地球长期被雪白的冰雪覆盖，大部分的太阳热能被反射回太空，直到"米兰科维奇循环"为北半球送来更多热量，使冰盖解冻并向高纬度收缩。每个冰期结束时的解冻过程总是比开始时的冻结过程快得多。随着"米兰科维奇循环"再度使北半球升温，海洋释放出更多的二氧化碳和水蒸气，这两种温室气体使温度进一步升高。海平面上升也会破坏冰盖的边缘，随着冰盖融化，陆地和海洋的表面积更大，比雪白明亮的冰面吸收的阳光要多。因此，冰期的节奏是地表先缓慢冻结，然后冰川快速消融。

冰期从大约 260 万年前出现以来，就与"米兰科维奇循环"中地轴倾角的变化周期（4.1 万年）保持一致。但在大概 100 万年前由于不明原因，冰期不仅变长，而且在大约 10 万年的"偏心"公转周期中，其温度波动更加极端。也就是说，冰期改循了"另一面鼓"的节奏——鼓点节奏更慢但声音更加响亮。冰期的严寒程度越来越高，持续的时间也越来越长：北极的主要冰盖能够向南覆盖欧亚大陆和北美大陆，甚至在温暖的间冰期也不会完全融化。（南极冰盖也会扩张与收缩，虽然幅度较小。）

从这个意义上讲，占星家是对的，但事情又不像他们想的那样。其他行星穿过天空并不能决定你的心情或运气，但它们对地球的引力作用确实会带来更深远的影响，即对地球本身的气候产生影响。了解过去几百万年中影响这些冰期的天体规律是非常简单的。但是，如果地球的气候已然不稳定，即将进入冰期，那么"米兰科维奇循环"的微弱影响只能使气候在冰期和间冰期之间循环往复。所以更大的问题是：这些冰室条件最初是如何形成的？

从温室到冰室

目前，地球正处在一段奇怪的时期。在它存在的 80% 至 90% 的时间里，其温度都比今天要高得多；两极有冰盖的时候其实非常罕见。在过去 30 亿年里，地球上大概只有 6 个时期出现过大面积冰块。但在过去 5500 万年里，地球不断变冷，气候也从温室变为冰室。这一过程被称为"新生代变冷"，得名于它所处的地质时代。

根据我们脚下不同的岩石层，地质学家将地球的悠久历史划分为不同的代（era）、纪（period）和世（epoch），这常常是通过参考在这些时代、时期内发现的化石类型来实现的，就像《时间之书》中的章节和段落一样。目前哺乳动物和被子植物占主导地位的时代——我们将在第三章讲到地球上的动植物——被称为新生代（意为"新生命"）；它始于大约 6600 万年前，其时物种大量灭绝，恐龙生活的中生代（"中年"）行将结束。新生代最近的时期是第四纪，呈现出我们前面讲过的冰期和间冰期交替的气候。如果时间划分得再细些，那么第四纪最新的世就是当前的全新世——见证了整个人类文明的间冰期。

在白垩纪末期，就在距今大约 6600 万年恐龙大规模灭绝之前，地球炎热潮湿，即使在极地地区也生长着茂密的森林。海平面可能比今天高出 300 米，淹没了地球上一半的陆地——当时地表只有 18% 为陆地。这个温暖的阶段持续了 1000 万年，在大约 5550 万年前的古新世—始新世达到最高温度（我们将在第三章探讨其重要性），之后地球温度开始不断下降。大约

3500 万年前，南极洲出现了第一个永久性冰盖，在大约 20 万到 15 万年前，格陵兰岛上开始形成冰盖，到第四纪开始时，降温已经超过了一定限度，北极冰盖逐渐向外扩张。然后我们便进入了现在冰期反复出现的时期。

地球上的各种因素似乎联合起来促成了降温。是哪些大规模的地理活动合谋推动了全球变冷？

大气中的二氧化碳、甲烷，以及水蒸气等气体就像温室中的玻璃一样：它们使短波可见光直射地面，令地球升温，但封锁了温暖的地面发出的长波红外光。这些温室气体的作用是防止热能逃回太空，为地球保温，从而导致温度升高。因此，任何减少空气中温室气体含量的机制都将推动全球变冷。

正如我们上一章讲到的那样，大约在 5500 万年前，大陆板块活动使印度板块俯冲进欧亚板块，隆起了高大的喜马拉雅山脉。从那时起，这座高耸的山脉就被高海拔的冰川和雨水强烈侵蚀。岩石中的矿物质与溶解在雨水中的二氧化碳发生反应，顺河流进入海洋，供海洋生物筑造碳酸钙壳。这些生物死亡后，它们的壳又沉入海底被深深掩埋。因此，喜马拉雅山正在被一点点分解，在这个过程中，二氧化碳无法进入大气层。虽然这是一种有效吸收空气中二氧化碳的强大机制，但仍需要大约2000 万年的时间才能将白垩纪时期产生的大量温室气体降到临界值以下，使世界冷到两极重新开始结冰的程度。

当年轻的喜马拉雅山遭受侵蚀时，大陆漂移将南极洲带到了目前所处的位置，澳大利亚和南美洲则向北漂去。这一运动不仅使南极洲与世隔绝，还在极点附近开辟了一条畅通无阻的海上通道——一条巨大的海洋护城河将南极洲大陆完全包围。一股环绕南极洲的强大洋流形成了，这阻止了从赤道而来的温暖洋流到达南极海岸，使南极大陆保持酷寒。到了大约3500万年前，南极洲开始形成第一个永久性冰盖。

板块构造运动还重新排列了其他大陆，将大部分陆地推入北半球，而使南半球大部分变成开阔的海洋（第八章讲到猛烈的"咆哮40度"时会解释这里的特征）。在过去3000万年左右的时间里，北半球68%的面积都是大陆，而赤道以南只有1/3为陆地。

地球的这种"阴阳"划分——以陆地为主的北半球和以海洋为主的南半球——放大了太阳热能在季节变换中的影响。在冬天，陆地的冷却速度要比汹涌的海水快得多，还能更好地撑起不断变厚的冰盖。然而，尽管北半球有更多的陆地，但南半球的极点恰巧坐落着一个大陆——南极洲，而北极则是海洋。这就解释了为什么南极比北极更早地被冰盖覆盖。在北极地区，海洋中的冰更容易融化，直到260万年前，气候变得足够寒冷的时候，冰块才不再在夏季时融化，并逐年积累起来。

造成如今冰室情况的最后一个地质因素是巴拿马地峡的形成。这条连接南北美洲的狭长地块也是大陆碰撞的结果，板块俯冲先是形成了一连串的火山岛，然后将海床抬升到海浪之上。在距今280万年前，太平洋和大西洋遭到阻隔，赤道暖流被偏转到北方，强化了为北大西洋周围陆地带来温暖海水的墨西哥湾流。虽然温暖的海水可能会略微延缓北半球的冰川作用，但总体来说，蒸发量变大，空气中额外的水分会增加冬季的降雪量，从而促进北半球冰盖的扩张。

冰盖先出现在南极，之后是北极，明亮的白色冰面将更多的阳光反射回太空，导致地球温度继续降低——科学家们将这种反馈循环称作"雪球效应"。随着海水温度的下降，它们可以溶解空气中更多的二氧化碳，进一步降低大气中的二氧化碳含量，并减少温室效应。

造山运动及随后的侵蚀作用消耗了大气中的二氧化碳；板块构造将南极洲隔绝在南极并形成巴拿马地峡，改变了海洋环流模式；大陆漂移将其余大部分陆块聚集到北半球——以上所有因素都推动了地球进入冰室期。地球温度不断下降，260万年前北方形成大面积冰盖时到达临界点，整个气候都处于不稳定的状态。于是，每当"米兰科维奇循环"再为北极增添寒意时，冰盖就会向欧洲、亚洲和北美洲扩展，这些巨大的北方陆块能够支撑厚厚的冰盖。白色的冰块每增加一点，就会反射更多的阳光，导致温度进一步下降，如此形成一个失控的循环，反过来冰盖一步步扩大，锁住海洋中更多的水分，使海平面不断下降。

在新生代过去的5500万年中，世界持续变冷的趋势对地球和人类的演化产生了深远影响。我们在上一章讲到，当气候变得更寒冷、干燥时，东非的森林就逐渐萎缩，退化成草原，迫使人族演化。而"米兰科维奇循环"的进动节奏引起的裂谷中放大器湖泊的大涨大落，促使我们成为一种非常灵巧与智慧的物种。

从大约10万年前开始，行星运动逐渐同步。为北半球带来夏季的地轴倾角开始与地球在椭圆轨道上到达远日点的时间相吻合，这意味着北方的夏季越来越冷。每年冬天的冰没有融化，而是积累起来。随着地球进入下一次冰期，北方的冰盖开始逐步扩大，并向南延伸。

接下来，我们将探索最近的冰期以及因之而来的全球海平面下降如何为我们提供了向世界各地扩散的重要契机。

出埃及记

大约 6 万年前，我们的祖先开始走出非洲。很难确切地考证他们沿着哪些路线扩散，或者首次到达新地区的时间，因为化石记录有很多缺失，而且单看考古证据也很难确切地判断他们是人族的哪个分支。因此，我们对人类扩散的大部分理解都来自对当今世界各地土著居民遗传学的研究。通过分析 DNA，以及推算遗传密码中发生突变的速度，我们可以计算出不同的人群在多久之前产生分化。通过研究世界各地的遗传变异，我们能够测算出人类首次到达不同地区的时间，从而描绘出远古的迁徙路径。

在这项探索的工作中，人类的两大 DNA 最为有用。我们身体的每个细胞内部都有许多叫线粒体的微小结构，它通过生化反应产生能量。这些线粒体是细胞的动力室，本身也带有线粒体 DNA。在胚胎时期，你从母亲的卵细胞而非父亲的精子中遗传线粒体：线粒体 DNA 从母亲到女儿沿着母系支脉传承。通过分析线粒体 DNA 的遗传学，以及计算不同种群分化所花费的时间，我们能够回溯到它们的源头——远古时期的某位女性，即今天所有现存人类的祖先。这个现存人类最近的母系共同祖先被称为线粒体夏娃（Mitochondrial Eve），她生活在大约 15 万年前的非洲。如果我们只分析父系传承的 Y 染色体上的 DNA，也可以回溯到父系的最近祖先，绰号 Y 染色体亚当（Y-chromosome Adam）。这种基因的源头更难确定，但一般认为父系共同祖先生活在 20 万至 15 万年前。

这并不是说当时只有一个女人和一个男人，也不意味着母系和父系的最近共同祖先曾经相遇——他们生活的时间和地点都不相同。其实，如果雌性线粒体与雄性 Y 染色体出现的时间一致，那将是一个惊人的巧合。（如此说来，这两个取自《圣经》的绰号具有误导性。）线粒体夏娃（以及类似的 Y 染色体亚当）唯一能说明的是，她恰好生育了女儿，而她的女儿也生了女儿，如此延续至今；而家谱中其他支脉意外中断或没有女孩。

这些全球遗传学研究得出的最令人惊讶的结果是，各个人种非常相似。尽管头发、肤色或头骨形状存在明显的区域差异，但当今世界上 75 亿人的遗传多样性却低得惊人。事实上，生活在中非一条河流两岸的两群黑猩猩的遗传多样性都比生活在地球两端的人类之间的遗传多样性要高。人类遗传多样性在非洲最为丰富，所以即便我们还未发现任何骨骼化石或早期考古证据，只有现代人类的 DNA，我们仍然可以清楚地看到，人类起源于非洲，并从这里向外扩散①。此外，遗传学研究表明，当今世界各地的人类都是单次集体走出非洲，而不是经过多次迁徙，

---

① 此观点在学术界仍存在争议。——编者注

当时的原始"移民"可能不过几千名而已。

现代人类——智人在当地气候变得更加湿润、植物生长繁茂时，或向北穿越西奈半岛，或南下乘木筏通过曼德海峡，迁徙到阿拉伯半岛。我们的祖先开始扩散到欧亚大陆时，遇到了其他早已离开非洲的人种。现代人在中东地区与少数尼安德特人进行了交殖，因而我们也携带了他们的部分DNA，并在向世界各地扩散的过程中不断传播——它占非洲以外人群遗传密码的2%左右。现代东亚人似乎比欧洲人拥有更多的尼安德特人的DNA，这说明智人向东穿越欧亚大陆时，至少还在另一个时期与尼安德特人进行了异种交配。

当我们穿越中亚时，另一种神秘的已经灭绝的丹尼索瓦人似乎与我们的交殖更为频繁。我们只能从西伯利亚和蒙古之间的阿尔泰山脉洞穴中发现的几颗牙齿、手指和脚趾骨碎片来了解丹尼索瓦人，DNA分析显示它们可能是尼安德特人的姐妹种。美拉尼西亚和大洋洲的现代人4%到6%的DNA源自丹尼索瓦人，美洲原住民的少数遗传密码也从他们那里得来。试想一下，数万年前他们整个种族都与我们生活在一起，如今却只剩一些骨骼碎片和留在我们基因组中的DNA痕迹，简直不可思议。更早的人种——直立人在大约200万年前离开非洲，最远迁徙至亚洲，但在智人来到亚洲前已经灭绝了。留在非洲的土著居民不会携带尼安德特人或丹尼索瓦人的DNA。

第一批人类移民每到一个新地区，人口就会增长，后代继续向外扩散。如今的伊拉克和伊朗所在的区域是一个重要的传播中心，移民流进入欧洲，穿越亚洲其他地区，随后来到澳大利亚和美洲。人类可能先沿着欧亚大陆南缘向东迁徙，到达印度和东南亚；大约 45 000 年前，这条道路上的一条分岔将人类引向了欧洲。东迁的移民在喜马拉雅山两侧分成两股，就像一条被岩石分开的河流，第一股向北穿过西伯利亚，最后进入美洲，第二股穿越东南亚向南抵达澳大利亚。南亚的扩散速度似乎较快，可能是由于气候与撒哈拉以南非洲的发源地相似。

大约 4 万年前，我们穿越中南半岛进入新几内亚和澳大利亚。受冰期影响，全球海平面比今天低了 100 多米，印度尼西亚周围的浅海都干枯成了旱地。印度尼西亚群岛与东南亚连在一起，称为巽他古陆（Sundaland），而澳大利亚、新几内亚和塔斯马尼亚连成一体，形成一块叫作莎湖陆棚（Sahul）的陆地。这两块陆地之间只隔着狭窄的海域，且海上布满了岛链，有助于我们迁移到当时世界的东南角。

缓慢的迁徙潮最终来到了欧亚大陆的东北端，正是在这里，冰期对人类迁徙起着至关重要的作用：它为我们铺设了进入美洲的路径。

今天，俄罗斯和美国的领土被白令海峡隔开，两座代奥米德岛就坐落在海峡中间。①在最后一个冰期，海平面下降，西伯利亚和阿拉斯加可以连在一起，就像西雅图教堂天花板上米开朗琪罗画的亚当和上帝伸出的手指一样，画中人的手指最终

---

① 莎拉·佩林（Sarah Palin）在 2008 年说过一句名言：你其实可以从阿拉斯加看到俄罗斯。因为俄罗斯拥有西边的大代奥米德岛，而小代奥米德岛恰恰属于美国。由于国际日期变更线在它们之间穿过，这两个相隔几公里的小岛却在时区上相差整整一天。

相触，欧亚大陆和美洲两片广袤的大陆也终于融为一体。这条陆地走廊不断拓宽，到 2.5 万年前左右的冰期峰值为止，南北宽度足有 1000 公里。

虽然没有冰盖，但白令陆桥的环境仍然非常恶劣：寒冷且干燥，成堆的淤泥被冰川侵蚀并随风飘散。陆桥只是一片北极荒原，但生长着足够的耐寒植物，可供长毛猛犸象、大地獭、西伯利亚野牛，以及捕食它们的剑齿虎生存。

人类在 2 万年前的某个时间里跨越这座陆桥进入了美洲。但是，在冰期初期，其他动物已经沿相反的方向进入了欧亚大陆，其中一些逐渐成为人类文明至关重要的一部分。骆驼和马的演化过程都在北美，而后沿白令陆桥进入欧亚大陆，随后在它们的出生地绝迹。（我们将在第七章讲到这一现象的意义。）

在穿过陆桥进入阿拉斯加后，随着冰盖的消退，人类向南进入美洲大陆。当时，几乎整个加拿大和美国北部大部分地区都被科迪勒拉冰盖（Cordilleran）和劳伦泰德冰盖（Laurentide）这两个巨型冰盖覆盖。在冰盛期，劳伦泰德冰盖比今天整个南极冰盖都大，哈德孙湾上方还盖着一顶厚达 4 公里的巨大冰帽。为了绕过这些冰盖，移民可能沿着西部海岸线或者两冰盖之间的无冰走廊向南迁徙。但在安全穿过北美洲的冰盖后，随着冰期威力的减弱，人类迅速扩散到整个大陆。大约 1.25 万年前，人类穿越巴拿马地峡进入南美洲，并在一千年内抵达南美洲的最南端。至此，人类已经遍布全球。

因此，冰期及全球海平面降低使美洲人口大增。我们的祖先在穿越欧亚大陆时，曾与尼安德特人和丹尼索瓦人有过接触，但在美洲，他们再也没有遇到先前的人类。越过白令陆桥进入新世界后，人类面临的是一片从未涉足过的处女地。

然后，大约在 1.1 万年前，末次冰盛期过后，地球再次回暖，海平面上升，白令陆桥重新没入海浪之下。阿拉斯加与西伯利亚之间的通路被切断，东西半球相互隔绝。接下来，直到 1492 年哥伦布登上加勒比群岛，旧大陆和新大陆的人大约有 1.6 万年没有再进行持续的接触。这两个世界的人基因相似，但由于地理条件不同，接触的动植物也不同，彼此发展出了独立的文明。不过，在培养农作物、驯化牲畜，以及发展农业方面他们却非常相似。①

前文可能给读者留下了这样的印象，即人类在全世界的扩张是迅速，甚至有特定方向的——好像我们的祖先故意背弃非洲的故乡，或许还露出坚毅的表情，皱着眉头，大踏步地走向外面的世界，有条不紊地占据陆地上所有的角落。但更准确地说，这些扩张其实是扩散，靠狩猎采集为生的人广泛分布在整个地域中，人口密度非常低，并随着每年的季节变化和当地气

---

① 这项考察工作试图追踪人类在全球的扩散历史，但在时间和确切路线上遇到很多不确定之处，在遗传、化石和考古证据上也经常存在分歧。我列出的只是公认的观点，也有人称人类早在这之前已经到达了中国、澳大利亚或北美洲。例如，最近一项有争议的研究认为，早在 13 万年前的冰期，一种身份不明的人类已进入加利福尼亚。现在看来，大约 6 万年前走出非洲、扩散到世界各地并延续至今的现代人类可能并不是第一批迁徙先锋。以色列洞穴中的化石残骸和阿拉伯半岛发现的石器表明人类大约在 10 万年前就有迁徙行为，但这些迁徙显然走入了死胡同，没有继续扩散到别的地方。这就像非洲向外发散的人类火花，但没有形成燎原之势。

候的变化进行缓慢移动，四处迁徙，以避开寒冷和干旱的环境，寻求更温暖、更湿润、更有利于寻找食物的地方。一代复一代，我们越走越远。例如，人类从阿拉伯半岛沿欧亚大陆南部海岸线扩散到中国的平均速度每年不到半公里。

然而，人类最终还是占据了地球。我们的人族近亲——尼安德特人和丹尼索瓦人——都灭绝了。正如我们上一章所讨论的那样，他们可能只是因为在与智人的竞争中落败而灭绝，并非被捕杀，也并非死于冰盛期的酷寒。最后一批尼安德特人于4万年到2.4万年前消失后，智人便成了地球上唯一存活的人类。在离开非洲5万年后，我们占领了除南极洲外的所有大陆，成为地球上分布最广泛的物种。由于能够生火、缝制衣物、使用工具，我们这群非洲稀树草原上的猿人占领了从热带到寒带的所有气候带。我们搬离了创造了我们的原始环境，学会了创造我们自己的人工栖息地，包括茅屋、农场、村庄和城市。[1]

在上一个冰期的严寒气候中，发生这种全球性的扩张或许令人感到惊讶，但其实正是冰室条件使我们得以实现这样的目标。北方逐渐扩大的冰盖从海洋中吸取了大量的水分，海平面下降暴露了大陆架的大片区域。正是冰期让我们能走过干燥的

---

[1] 尼安德特人并不是唯一一个遭受现代人类毁灭式影响的物种。人类扩散到新的地区对世界各地的生态系统都产生了深远的影响，尤其是对大型动物（被称为"巨兽"）。大约1.2万年前，欧亚大陆大概1/3和北美洲大概2/3的大型哺乳动物已经灭绝。极有可能是因为捕猎技术高超的人类到来，而这些大型食草动物毫无防备。唯一保留大型动物的大陆是非洲，数百万年来，巨型动物已经适应了人类，其自身狩猎能力也逐渐提高。

陆地到达印度尼西亚，穿过狭窄的海洋进入澳大利亚，并做出沿着白令陆桥进入美洲这样的壮举。较低的海平面也意味着可居住的土地更多——多出 2500 万平方公里，大约相当于如今的北美洲。

除了有助于人类在全球扩张之外，过去的冰期对我们所处的地理环境和历史进程还有其他深远的影响。

冰期的后果

你可能知道，挪威海岸由无数 U 形峡湾组成的"褶皱边缘"是由冰期内的冰川向前推进开凿而成的，苏格兰的湖泊也是如此。虽然南半球的冰川作用不那么明显，但你观察智利的地图就会发现南美洲南端沿太平洋的海岸线上有着相同的峡湾特征。在冰期，巴塔哥尼亚冰盖从安第斯山脉向南扩展，冰盛期时整整覆盖智利面积的 1/3，从而凿蚀出这些山谷。随后它们被上升的海平面淹没，成为小岛、岬角和海峡错落分布的网道，看起来就像海岸线本身被冰川打碎了一样。

1520 年，葡萄牙探险家斐迪南·麦哲伦第一次环球航行时发现了绕南美洲南端的航线，当时他穿过的正是这些被海水淹没的冰蚀山谷所形成的通道。麦哲伦海峡在大西洋入口处的最窄点是由"终碛"形成的——先被巨型推土机般的冰川向前推动，到冰期结束冰川撤退时堆积在底部的末端堆石。在 1914 年建造巴拿马运河之前，长达 600 公里的麦哲伦海峡是近四个世纪以来，连接世界上两个最大的海洋之间的重要航海通道。尽管它既狭窄又难以航行，洋流变幻莫测，但比起 1578 年弗朗西斯·德雷克爵士发现的非洲最南端的海角与南极洲之间的临时通道，这条海峡更短且（作为内陆通道）更能抵御风暴。

冰川对于重塑北美地形和随后的美国历史也有着深远的影响。在那里，广阔的冰盖迫使磅礴的密苏里河和俄亥俄河改道，冰川解冻后，这些河流继续沿着曾经的冰盖边缘流动。今天，它们与密西西比河相交为巨大的 Ψ 形，成为横贯美国东西的便利通道。尤其是密苏里河，向西绵延 2000 多公里到达落基山脉。1804 年，正是这条在冰期改道的河流，将探险家刘易斯和克拉克一路带到了太平洋沿岸，并使美国人在路易斯安那州和西北领地建立了聚居点。另一些河流也遭冰川改道，例如特兹河（Teays）和圣劳伦斯河（St Lawrence）；如果没有阿巴拉契亚山周围的这些航道，最初的十三个殖民地可能仍然局限在大西洋沿岸。

北美洲的五大湖区也是冰期遗存下来的地貌，纵深的湖盆由劳伦泰德冰盖推进时凿刻而成，湖水则是大概 1.2 万年前冰盖后撤时融化而来的。修建运河后，这些宽阔的水域在长途铁路出现之前，成为大西洋沿岸到内陆的重要交通线，并且见证了纽约、布法罗、克利夫兰、底特律和芝加哥逐步发展成为主要的商业中心。

美国北部横亘着高达 40 米至 50 米的碎石山，即冰碛。纽约长岛由劳伦泰德冰盖前缘堆砌的两条长冰碛组成，东北部马萨诸塞州的科德角也一样。波士顿、芝加哥和纽约则都建在冰盖融化沉淀下的深厚沉积物上。人们通过开采这些冰碛和冰川沉积物中的沙和砾石，制成混凝土、铺面材料、地基或铁轨基础材料中的骨料。此外，北美冰盖边缘的严寒带来了呼啸的大风，裹挟着从基岩中侵蚀的粉土、沙子和黏土等细小颗粒，将它们带到南方，形成了中西部肥沃的黄土农田。

然而，冰期对历史影响的最显著案例却在海洋的另一边。

岛国

50 万年前，英国还不是一个岛国。它仍然是欧洲大陆的一部分，靠多佛和加来之间的地峡与法国地层相连——就像连体双胞胎一样。这座陆桥是驼峰状的维尔德—阿图瓦背斜（Weald-Artois anticline）的延续，该背斜从英格兰东南部延伸到法国东北部，岩层向上拱起，与阿尔卑斯山一样是在非洲大陆撞击欧亚大陆时形成的。

后来，英法之间的陆桥被侵蚀，造成两国分离，这一切似乎是一次突发性灾难事件的后果。英吉利海峡的声呐图清楚地显示出海底一条异常笔直而宽阔的谷地，[62] 谷地中分布着狭长的岛屿和宽达数公里的侵蚀沟槽，这显然是大量水流冲刷过地面的迹象。

前面讲到，我们现在处在冰川反复出现的时代，冰川作用导致全球海平面下降了 100 多米。这使得北海和海峡盆地周围的浅层大陆架成为旱地。在大约 42.5 万年前的冰期（比最近的冰期早五个冰期），一个巨大的湖泊被困在苏格兰和斯堪的纳维亚冰盖之间，而那条30公里宽的岩脊仍然连着英格兰和法国。这个湖泊的水源来自冰盖融化的水以及泰晤士河和莱茵河等河流流泻的水。由于没有出口，其水位不断上涨，最终不可避免地溢出陆桥顶部。这些巨大的瀑布在下方的海床上凿出庞大的水潭，并向后侵蚀岩石，直到这条天然大坝轰然倒塌。整座被困的湖泊化为一场灾难性的巨型洪水，在岩石堆上冲出更大的缺口，并雕出了今天我们用声呐看到的海峡底部的地貌。42.5万年前第一次大洪水之后，大约20万年前又发生了一次，这次洪水冲走了现在的多佛海峡，只留下白色悬崖作为前地峡存在的证据。由于冰期后冰川解冻以及间冰期海平面上升，这段通道便成了英吉利海峡（即法国人所称的拉芒什海峡）。

从此，英国与欧洲大陆永久分离。

英吉利海峡的形成对英国以及整个欧洲的历史产生了深远的影响。在欧洲历史上，该海峡就像一条天然的防御性护城河，由始至终地保护着英国。上一次全面入侵，即1066年的诺曼征服，发生在近一千年前。英国虽然近在咫尺，能与欧陆进行贸易往来并密切参与其政治活动，但同时又在海峡对岸，受到保护。

在整个欧洲大陆不断起争端、冲突并重划边界的过程中，英国在很大程度上避免了战争的蹂躏，并与欧陆保持距离和界线，只在涉及自身利益的情况下进行干预。例如，它没有受到17世纪爆发的三十年战争（Thirty Years War）的影响，这场战争始于欧洲天主教和新教国家之间的冲突，严重破坏了中欧的大部分地区，由此引发的饥荒和疾病造成人口锐减——某些地区人口骤降 50% 以上。英国有天然的护城河保护，与德国在许多方面都截然不同，德国北面是海，南面是阿尔卑斯山，东西两面的欧洲平原畅通无阻。正是这种缺乏自然防御的弱点滋生了该地区国家的不安全感和军事野心——无论是神圣罗马帝国、普鲁士，还是后来统一的德国。

由于自然国界清晰，再加上领土面积较小，英格兰很早就成功地将封建领地转为统一的国家。还有人认为，外来侵略较少和由此而生的安全感使得权力从专制君主逐步分散到一个更加制衡的民主制度中，从 1215 年的大宪章开始，今天的议会制度仍不违祖训。

此外，英国无须守卫陆地边界，军费开支只需欧陆竞争对手的一小部分。因此它能够集中精力建立并维护皇家海军，不单单为了保卫祖国——最著名的例子是 1805 年的特拉法加战役（Battle of Trafalgar），英国战胜法国和西班牙联合舰队，挫败了拿破仑入侵英国的妄想——还要守卫海外殖民地并保护其商业利益和贸易航路。它后来逐渐超越了西班牙、法国和荷兰，发展成一个海上帝国。

当然，如果英国不是一个岛国，欧洲历史如何发展还很难说。如果苏格兰和斯堪的纳维亚的冰盖从未合并形成冰川湖，湖水也没有顺着海峡倾泻而出侵蚀地峡并凿开多佛海峡，历史会是什么走向？如果冰期的温度略微高点会怎样？我们不是在猜测反事实历史，而是通过思考历史其他可能的走向来明确地质学对形成当今世界的重要作用。如果英国与欧陆之间仍然有陆桥连接，德国国防军在用闪电战扫荡欧洲时是否已打败了这个抵抗纳粹德国的最后堡垒？英国是否会在 1805 年败给拿破仑的"大军"（Grande Armée），或者西班牙军队是否会在 1588 年入侵（无须无敌舰队出场）？

可以说，这个强大的岛国通过抵制侵略，粉碎任何想建立统一欧洲帝国的企图，长期维持着欧洲大陆的权力平衡。另外，它孤立的地理位置培养出一种岛屿心态，所以英国经常独来独往，不愿意与欧陆邻国建立更密切的关系，尽管它们的利益和命运不可分割。

以上，地球最近的历史时期见证了人类在全球的扩散，而反复出现的冰期在景观上留下的深刻烙印对人类历史进程产生了深远的影响。人类整个文明都发生在当前的间冰期，接下来，我们将探讨人类历史发生根本转折背后的地质力量、野生动植物的驯化以及农业的出现。

第三章 地球的生物多样性

在 2 万到 1.5 万年前，"米兰科维奇循环"的规律性节奏再次使北半球变暖。巨大的冰盖开始融化并向后退去，最后一个冰期的深度冻结接近尾声。在北美洲，冰盖融化形成的大部分径流被困在冰川撤退时底部堆砌的岩脊后面。这就形成了巨大的融水湖，其中最大的是阿加西湖（Lake Agassiz），得名于瑞士—美籍地质学家路易斯·阿加西（Louis Agassiz）。他当时首次提出一种激进的想法，大胆推测上次冰期的冰雪几乎覆满了北半球。到公元前 1.1 万年，阿加西湖已占据加拿大和美国北部近 50 万平方公里的面积——大小与黑海相当。然后，不可避免的事情发生了。天然堤坝爆裂，冰川巨大的水量被释放出来，形成滔天的洪水。它沿着麦肯齐河（Mackenzie River）现今的河道穿过西北领地进入北冰洋。冰川融水的突然释放导致全球海平面迅速上升，但它对 1 万公里以外地中海东部黎凡特的文化发展产生了更为深刻的影响。[1]

---

[1] 其实，公元前 1.1 万年那次只是阿加西湖的某一次倾泻，融水会再次积累，到一定程度再冲垮天然堤坝，每次倾泻都会导致全球海平面突然跃升。

失乐园与复乐园

冰盖后退时，森林再次扩张，取代了原先的干旱草原和灌木丛地带，河流盈满，沙漠萎缩。随着气候变得更加温暖湿润，植被迅速茂盛起来，植食性哺乳动物数量大增。春回大地，我们以狩猎采集为生的祖先们发现生活富足了许多。黎凡特的土地上长满了野生小麦、黑麦和大麦，林地也恢复如前。这里生活着一种叫纳图夫人（Natufian）的人类，他们似乎在农业发展之前便形成了世界上第一个定栖社会。他们在石头和木材搭建的村庄里定居，收集野生谷物以及林地中的水果和坚果，并猎捕瞪羚。如果狩猎采集者也有伊甸园，那一定是这里。

然而好景不长。大约 1.3 万年前，气候发生剧烈变化，持续了 1000 多年，影响到这片近东区域和整个北半球。这就是著名的新仙女木期（Younger Dryas），在这一时期，气候迅速恶化，短短几十年就回到相当干燥寒冷的状态。据称，突然回到冰期气候的原因是阿加西湖的泄流。

这座大湖的突然倾泻相当于在大西洋北部罩上了一层淡水，暂时中断了海洋环流。今天，全球的海洋有活跃的洋流环流，将热量从赤道传递到两极。这被称为热盐环流（thermohaline circulation），因为它受海水温度和盐度差异的驱动。风将中纬度温暖的表层水吹向高纬度地区（第八章将会讲到），驱使墨西哥湾洋流将加勒比海的温暖和湿气带到北欧。沿途的蒸发使海水变得更咸，在北上途中温度也持续下降。这两种作用都使海水密度升高，到北极附近这股洋流索性沉入海底，从海底深处返回赤道。同时，洋流在极地的沉落也要求后续涌入更多的水来补充，但阿加西湖排放的大量淡水迅速倾泻进北大西洋，突然中断了这条输送盐分的洋流的工作。中断了散播赤道热量的海洋环流系统后，北半球的大部分地区回到了冰盛期所经历的气候条件。

对纳图夫人来说，温度骤降和降雨量锐减的环境危机使他们的家园重又变成光秃秃的干草原和针叶灌木林，他们眼睁睁地看着原先丰富的野生食物逐渐减少。于是，有一些纳图夫人放弃了刚形成的定栖生活方式，恢复迁徙生活。但是一些考古学家认为，正是这一新仙女木事件促使另一些纳图夫人改变狩猎采集的生活方式，转而发展农业。他们不再漫游到更远的地方来收集足够的食物，而是将种子带回家进行种植——这是驯化的第一步。纳图夫村庄的考古遗迹中发现的饱满的黑麦种子就被解释为这种演化的迹象。这一论断是有争议的，但如果确实如此，纳图夫人将会成为世界上第一批农民。这种永远改变了我们生活方式的发明源于突如其来的气候变化所造成的生活困境。

在一系列特殊地理事件的作用下——阿加西湖的排空、大西洋环流系统的中断以及新仙女木事件造成的气候波动，纳图夫人可能是第一批学会播种的人类。鉴于他们当时已经采用定栖生活方式，可推测他们的定栖或许正是为了这一最早的农业实验。接下来的几千年内，随着最后一个冰期之后地球变暖，世界各地的人们纷纷效仿。在大约 1.1 万至 5000 年前，地球上至少有 7 个不同的地方发展了农业。

新石器革命

晚期智人（解剖学意义上的现代人）大约20万年前出现在非洲，但行为上的现代人却是在10万到5万年前出现的。他们当时拥有与我们今天相同的语言和认知能力，过着群居生活，会熟练地制作并使用工具和火。他们会小心地埋葬死者，缝制衣服，创作富有表现力的艺术品，例如在洞穴壁画、骨雕和石雕上描绘自己和周围的自然世界。他们是技术高超的猎人，也会钓鱼，还会收集各种各样的可食植物。他们甚至开始用简单的磨盘将野生谷物磨成面粉。

上一章讲到，人类大约在6万年前走出非洲，扩散到世界各地。但直到1.1万年前，人类才向农业和定居迈出历史性的第一步，这种转折即是著名的新石器革命。北美洲冰盖虽然迅速后退，却仍覆盖着加拿大的一多半领土，此时地中海东部的新月沃土（Fertile Crescent）上已经培育了第一批作物，不久之后中国北方的黄河流域也出现了农作物。短短几千年内，世界许多其他地方的人类祖先纷纷做出了同样举动。北非的萨赫尔地带（Sahel band）、中美洲的低地、南美洲的安第斯山脉—亚马孙地区、北美洲东部的林地和新几内亚均出现农业活动。作为狩猎采集者的人类在上一个冰期生活了10万年后，随着温度回升，不约而同地走上了农业和文明之路，永远地改变了我们的物种。

这就像运动员听到发令枪响一样。那么改变人类历史轨迹的这关键一步，背后究竟有哪些地理动因？

起初，世界各地的人们为什么要特意播种，小心地照料作物，开始培植和选择育种过程，我们无法确定。农业的发展可能是因为受到了有利气候条件的刺激，发展农业的风险较低且更有成效，也可能正相反，例如受到局部气候恶化的影响——新仙女木事件——促使定居的群体寻找不同的生存方式。但无论如何，最后一个冰期的结束显然对人类产生了影响。

人类在冰期没有定居下来开垦土地也许在情理之中，但气温低并不是关键因素。虽然北极冰盖从北极延伸到美洲、欧洲和亚洲的大部分高纬地区，不过其他地方并不是很冷。热带的温度只比今天低一两度。此前讲过，冰期的地球气候整体更干旱，但并不是所有地方都干旱到无法发展农业。因此，农业的限制因素可能并不是寒冷或干旱，而是气候的极端变化。区域气候和降雨可能会突然且急剧地发生变化。任何试图进行早期种植的冰期部落都可能因为气候这种迅速变化而被扼杀。再后来，当区域气候干旱无法支撑农业发展时，印度的哈拉帕文明、埃及古王国时期和古典期的玛雅文明等较为发达的文明也纷纷土崩瓦解。[①]

另外，间冰期（例如我们目前所处的阶段）的气候条件相对稳定。其实，现在所处的全新世间冰期已经存在了 1.1 万年，是过去 50 万年以来最长且稳定的暖期。上一个冰期结束后，大

---

① 其实可能存在更早的定居和耕种案例，只是消失得彻底，没有留下任何考古痕迹——这是文明不成功的开端。尤其在海平面再次升高后，原先冰期沿海平原上的所有定居点都会被海浪吞没。

气中的二氧化碳增加，刺激着世界各地的植物生长，因此可以解释为什么世界各地的文明几乎同时发展起农业。许多地区稳定、温暖和潮湿的条件能不断产出饱满的谷物，人们可以精选一些物种并安顿下来，不需要再到处漫游。间冰期似乎是农民出现的先决条件。

接下来，我们将详细讨论野生动植物驯养的过程，以及究竟什么样的物种才会被人类驯养。

变化之种

全新世是现代人类经历的第一次间冰期，几乎就在进入这次间冰期后，世界各地的人们开始发展农业了。大约1.1万年前，土耳其南部雨水丰沛的丘陵地区开始培育小麦和大麦，然后扩展到底格里斯河和幼发拉底河之间的平原，即美索不达米亚——"河流之间的土地"。几千年后土耳其高地首先发明灌溉，然后在7300年到5700年前推广到美索不达米亚，以控制并引导两条河流的洪水。美索不达米亚、黎凡特和尼罗河之间的区域被称为新月沃土：北非和中东干旱环境中的弧形可耕地。

大约9500年前，中国西北部更为寒冷、季节性干枯的黄河谷地中培育出了小米。这种小米和大约8000年前培育的大豆，均生长在该地区松软肥沃的黄土地上。大约在同一时间，南方长江沿岸更温暖潮湿的热带地区开始种植水稻。大量水稻种植在平原的田地里和山坡上精心开垦的梯田中；梯田需要巧妙的

水利工程，将每片稻田变成几英寸深的、在收获前可以排干的
水塘。

　　大约9000到8000年前，新月沃土中培植的作物传入印度
河谷，恒河三角洲也开始种植水稻，这可能与中国种植的水稻
无关。在萨赫尔地区，即撒哈拉沙漠和南部的稀树草原之间的
半干旱气候带，高粱和非洲稻的种植约始于5000年前，之后该
地区持续干旱，农业社区被迫迁移到西非更湿润的地区。

　　在美洲，大约1万年前中美洲培育出南瓜属植物，9000年
前墨西哥南部开始种植玉米；之后，豆类和西红柿也成为这里
的主要作物。大约7000年前，安第斯山脉种植了各种品类的马
铃薯。7000到4000年前，热带新几内亚的高地则培植了山药
和芋头等淀粉类块茎植物。①

　　因此，大约在公元前5000年，从美索不达米亚的河流冲积
平原到秘鲁安第斯山脉的高地再到非洲和新几内亚的热带地区，
居住在多种气候带和地貌中的人类都学会了培植各种各样的可
食用植物。到目前为止，我们培植的最重要的植物是谷类作物。

---

① 有趣的一点是，如果不是人类不经意间救了这些物种，它们很多可能
已经灭绝。野生南瓜属植物的果实，例如葫芦、南瓜和绿皮南瓜等，最初
味道都十分苦涩，外皮也极其坚硬。在自然条件下，它们只能靠猛犸象和
乳齿象等大型动物剖开，散播里面的种子。所以当这种大型动物灭绝之后，
这些植物只能苟延残喘。但大约1万年前，它们被另一新物种从灭绝线上
拉回来且与之形成了共生关系，这就是人类。我们培植这些植物，将它们
种在农场和种植园等人工环境中，并通过数代选择育种使它们变得更大、
表皮更软、更加可口。据说，鳄梨和可可起初也是依靠近期灭绝的大型哺
乳动物散播种子的，后来人类对其进行培育并使其成为种子的替代传播者，
它们才存活了下来。

小麦、水稻和玉米，以及小米、大麦、高粱、燕麦和黑麦等谷物支持着数千年人类文明的发展。占据全球大部分地区的三个最重要的农业体系是来自新月沃土的小麦、中国的水稻和中美洲的玉米。今天，仅这三种谷物就满足了全世界人类所需能量的一半左右。

谷类作物都属于草类。我们与放牧在草地上的牛、绵羊和山羊并没有什么区别，因为人类也通过吃草活着——事实真相令人惊讶。

许多草类都非常坚韧，在原先的森林随着气候越来越干旱而灭绝后，在火灾肆虐过某个区域后，或在已有的生态系统遭受到其他破坏后，它们仍然可以春风吹又生。它们的生存策略是快速生长并将从阳光中获得的大部分能量注入种子中，而不是像树木那样形成坚固的树干——这就是它们适宜培育的原因，也是许多人早餐吃吐司或麦片的基本生态原因——小麦面包、玉米片、卜卜米和燕麦粥均源自生长迅速的草种（谷类作物自然也是午餐和晚餐的主食）。

但要利用草本谷类作物，我们还面临着一个生理问题。我们不像牛一样体内有四个胃，可以分解难消化的植物并汲取营养。所以我们选择了谷粒（从植物学角度讲，它们是谷物的"果实"）中富含能量的植物，并用我们的大脑而不是胃解决了这个难题。例如，用来将谷物磨成面粉的磨石（以及我们历史上发明的动力装置，如水车或风车）就是我们臼齿的技术拓展物。

我们将面粉烘烤为面包的烤箱，或者用来煮饭烧菜的锅，就像体外的消化前系统。我们利用热和火的化学转化能力来分解复杂的植物化合物，以便吸收其营养。

没有回头路

尽管要不断耕作土地、培植作物，但发展农业的社群仍然享有巨大的优势。定居群体的人口增长速度比狩猎采集者快得多。他们不必带着孩童长途跋涉，婴儿也能更早地断奶（并用碾碎的谷物喂养），于是女性可以更频繁地分娩。在农业社会中，孩子越多越好，因为他们可以帮助种植农作物、饲养牲畜，照看弟弟妹妹并在家里制作食物。农民能够很有效地培养出更多农民。

即使只有原始技术，一片种植作物的肥沃土地能为人类提供的食物也比采集狩猎时多十倍。但农业也是一个陷阱。一旦社群学会种植，人口迅速增长，就不可能恢复到更简单的生活方式：增长的人口完全依赖农业来给每位成员提供足够的食物。没有回头路。除此之外，农业还带来了其他后果。农业养育的高密度定居人口很快就形成了高度分层的社会结构，与狩猎采集者相比，人与人之间更加不平等，财富和自由度的差距更大。

公元前 6000 年，农民首次离开如今土耳其的丘陵地区到达美索不达米亚平原，带来了培育的谷类作物，当时地球正进入"米兰科维奇循环"最温暖、湿润的时期。下美索不达米亚（lower Mesopotamia）的沼泽地极其肥沃，因为河流侵蚀过北部的高地，并在流向波斯湾的途中沉降下厚厚的淤积土。（我们在第一章中讲过，美索不达米亚沿着构造边界分布。）高产的农业推动了人口繁荣，但到公元前 3800 年，气候再次变冷，雨水稀少：河流之间的肥沃土地开始变干。于是村民们将资源和人力集中起来，形成越来越大的聚落，从而能够运行规模更大的灌溉系统。建造并维护农业和交通所需的运河，反过来催生出中央管理机构和日益复杂的社会组织体系。因此，正是在美索不达米亚，农业哺育出了世界上第一个城市化社会。到公元前 3000 年，这里已经建立了十几座大城市，它们的名字仍然刻在我们的文化记忆中：埃利都（Eridu）、乌鲁克（Uruk）、乌尔（Ur）、尼普尔（Nippur）、基什（Kish）、尼尼微（Nineveh）和后来的巴比伦（Babylon）。河流之间的土地已成为布满城市的土地，其居民称之为苏美尔（Sumer）。到公元前 2000 年，90% 的苏美尔人口居住在城市中。[1]

　　古埃及文明一般也被视为气候变化的产物。在以前的间冰期内，北非大部分地区气候湿润，点缀着大型湖泊和广阔的河流体系，撒哈拉地区覆盖着草原和树林，绿意盎然。游走部落在这片草原和林地中狩猎，并在湖泊和河流里捕鱼。今天，该地区曾经繁荣的野生动物留下的唯一痕迹是狩猎人的岩画，其中描绘了鳄鱼、大象、瞪羚和鸵鸟。

　　不过，这种理想的气候状况并不持久。随着美索不达米亚开始干涸，季风也不再光顾北非。撒哈拉地区剩余的地表水很

---

① 苏美尔人的城市不仅靠肥沃的淤积土哺育，城市本身也主要由他们脚下的河泥建成，第五章将会详述。

快消失殆尽，公元前4000年末期整个地区迅速干涸。这里的居民眼睁睁地看着周围的环境恶化，一步步变成现在的极端干旱状态。起初，他们还可能在剩余的绿洲中勉力支撑，但随着该地区干旱加剧，他们最终放弃了这片垂死之地，撤退到尼罗河谷。埃及接受了近东培育的农作物和动物，农业村落首先出现在尼罗河三角洲，之后大约公元前4000年起向尼罗河上游扩散。公元前3150年左右，就在撒哈拉地区彻底干旱时，河谷地区在历代法老的统治下走向统一。因为撒哈拉地区沙漠化而被迫挤进狭窄的尼罗河谷的气候难民，不仅提升了该地区的人口密度，还导致社会分层和国家控制的强化，这就是埃及文明开始的标志。

古埃及可能是阐释文明的发展如何受到地理环境和气候的制约与促进的最典型案例。尼罗河就像一条带状绿洲蜿蜒穿过沙漠，夏季应时而至的洪水裹挟着从埃塞俄比亚高原的陆岬侵蚀来的富含矿物质的沉积物，使河岸两侧的平原重新焕发生机。此外，奔腾磅礴的尼罗河也成为一种简单有效的运输方式。盛行的东北信风常在北非大地吹拂（第八章会讲到），于是船可以借力向南航行到埃及南部（Upper Egypt）；而尼罗河和缓的水流能从容地将船送回下游。这种自然的双向运输系统可以运送谷物、木材、石头和军队，同时埃及南北交通的便捷也有助于巩固国家的统一。

由于尼罗河两岸有荒凉沙漠作为天然屏障，因此埃及在历史上很少遭受侵略。但这种屏障也使埃及无法扩张领土，建立庞大的帝国；除了公元前倒数第二个千年末期沿着黎凡特海岸扩张过，埃及始终是尼罗河沿岸的地区性国家。虽然河谷能产出大量谷物（它曾为古希腊的城邦提供食物，后来成为罗马帝国的粮仓），但树木匮乏。雪松木材依赖黎凡特进口，价格高昂，所以无法建造一支庞大的海军穿过地中海或红海弘扬国威。

正是这种环境优势、简单有效的内部运输条件、尼罗河带来的农业生态可持续性以及周围沙漠形成的自然防御屏障，创造了稳定而悠久的埃及文明。总而言之，是这条河保证了该地区的繁荣。正如希腊历史学家希罗多德在公元前 5 世纪所言，埃及是"尼罗河的礼物"。

因此，在苏美尔人建立第一批城市中心后的几个世纪内，尼罗河、印度河和黄河流域也出现了更大的城市和社会组织体系。农业大发展使粮食产量过剩，满足了城市中日益增长的人口需要，统治者则负责调配不断增加的劳动力，建造规模宏大的民用项目，例如庞大的灌溉系统、道路和运河，以进一步增加粮食产量和供应量。在城市中，无须从事粮食生产的部分人口可以专攻其他技能——木工、金属制造，甚至探索自然界。储存下来的多余粮食也补给大型军队，而军队首领们很快就建立了世界上第一批帝国。

驯化野兽

文明的诞生不仅在于培育植物物种，还有赖于将野生动物驯化成家畜。

第一只动物的驯化甚至早于人类的定居生活。在 1.8 万多年前的最近一次冰期，欧洲狩猎采集者将狼驯化成狗，辅助他们狩猎或提防其他捕食者。不过，今天农场上的大多数动物都是最近才被驯化的，与最早培植的作物属同一时期。1万多年前，黎凡特地区驯化了绵羊和山羊——绵羊在托罗斯山脉（Taurus Mountains）的山麓，山羊在扎格罗斯山脉的山麓。大约在同一时间，近东和印度将野生原牛驯化为家牛。1万到9000年前，亚洲和欧洲驯化出猪；大约8000年前，南亚驯化出鸡。在美洲，安第斯山地区大约在5000年前驯化了美洲驼，墨西哥则于3000年前驯化出火鸡。萨赫尔地区驯养的家禽是珍珠鸡。

在上述所有情况中，驯化都发生在人类与自然长期共存的末期。如果人类不熟悉它们的习性和用途，就不会投入这么多时间和精力来选育、饲喂、抚养并保护它们。因此，在与周围动物漫长的相互作用的历史中，我们先是捡食动物尸体，然后主动狩猎，进而转向饲养。

之前讲到，虽然人类要投入更多的时间和精力，但将野生植物物种培育成作物可以收获更多食物。同时，驯化的动物可以提供可靠的肉类来源，人类无须再长途狩猎。而驯化动物还有些漫游的狩猎采集者无法获得的其他好处。通过宰杀动物，人类还可以获得肉、血、骨头和毛皮。这些都是非常有用的食品、工具和遮盖物，但你只能获得一次。不过，如果你爱惜它们，饲养并保护它们，就能在选择性宰杀时经常获得这些物品。人类一旦驯化并长期饲养牲畜，还可以不断从动物身上获得其他有用的物品和服务，这是野兽无法提供的。于是，畜牧业为人类提供了全新的资源。这种过程被称为"二次产品革命"

（secondary products revolution）。

奶就是这样一种新资源。人类起初选择山羊和绵羊，然后是牛，在某些文化中甚至是马和骆驼，来获得奶源——人类几乎篡夺了本属于动物幼崽的奶。奶可以提供丰富的营养物——脂肪、蛋白质和钙，而酸奶、黄油和奶酪等奶制品可长时间保存这些营养。一匹母马一生所提供的乳汁，比其全身的肉所能提供的能量高四倍。但只有欧洲、阿拉伯、南亚和西非的当地人群才能消化新鲜乳汁。那里的人已经演化到在整个成年期也能持续分泌其他哺乳动物幼崽肠道里才有的乳汁消化酶。这是人类与人类为了自身目的而驯养并选择育种的动物共同演化的最显著案例之一。

人类还可以从驯养的牲畜身上收获毛发。野生绵羊披着厚厚的毛，但只在底部有一层薄而短的蓬松绒毛。在 6000 到 5000 年前，经过几代选择性育种，人类着重培育了这种底毛，可以将它弹松、剪除下来编织衣物。[56] 南美洲的美洲驼和羊驼也具有相同的用途。

驯化大型动物还带来了狩猎采集者不曾获得的其他重要资源：它们因为强大的肌肉力量而肩负起运输和牵引的任务。第一种驮运重物的动物是驴，后来被马、骡子（马和驴杂交的不育后代）和骆驼取代，后几种动物的负重能力更强，行走的路程也更远。牛是第一批用来牵引的动物——牵引犁或马车，因为很容易把轭套到牛角上；牛（阉割的公牛）尤其强壮而温顺。牵引动物的运用使农业不再依赖人类肌肉，农民从锄头或挖掘棒等小型手工工具，转向了利用动物肌肉的犁。畜力牵引进一步提升了粮食产量。先前被认为质量太差的边际土地现也转为耕地。驮兽可以在崎岖的路面上运载货物，牵引兽能在平地上拖运手推车和货车，这两点大大增加了可运输货物的体积和品种，对于建立陆上长途贸易线路非常重要。此外，公元前第二个千年中，马拉战车革新了欧亚大陆的战争形式；后来，随着人类选择培育出更大更强壮的马并开始跨上马背，骑兵就成了最有效的战争手段。

驯养的动物组合在一起时效用会大增。这对游牧或牧民社群尤为重要：在耕地极少的地区，人们带着大群牲畜在草场之间迁徙，生活几乎完全靠它们支撑。绵羊、山羊和牛等动物就像食品加工机，它们在人类无法食用的草原上茁壮成长，将草转化为营养丰富的肉、骨髓和乳汁。它们还可以提供毛、毛毡和皮革，用于制作服装、床上用品和帐篷。对游牧社群来说，这些动物不仅为他们提供了生存的基本条件，还成为宝贵的交易对象。骑手跨上骏马，可以管理辽阔草地上的牧群，使牧民可拥有的牲畜数量得到极大提升。牛拉车是牧民移动的家，具有大宗运输能力，于是牧民家庭能与牧群一起追逐草场。放养的牧群、骑马和畜力牵引的融合将欧亚大陆中部广阔的草原变成了游牧民族的栖息地。我们在第七章中会讲到，生活在广阔草原地区的游牧部落与其边缘地区定居的农业社会之间的相互作用——通常是暴力冲突——在欧亚大陆的历史进程中扮演着关键角色。

通过利用畜力，人类社会得到了长足进步——借助马、骡子和骆驼，人类可以进行长途贸易和跨地区旅行；牛或水牛等强壮但迟缓的动物则可用来牵拉货车和犁耙。自公元5世纪中国发明挽具和轭具以来，马匹也可以用于牵引——这一发展大大提高了中世纪北欧重质土地的农业生产力。这些驯化动物代替人力以后，人类逐渐发掘了越来越多的能源。在工业革命引入化石能源之前，畜力在将近 6000 年的文明长河中占据着至高无上的地位。工业革命后，燃煤蒸汽机开始推动火车和轮船，后来，内燃机依靠原油提炼的液体燃料运行，让我们能够以惊人的速度到达远方。

接下来，我们将探讨究竟是哪些地质力量催生了我们驯化的这些极其重要的动植物。

性革命

现代社会虽然拥有气派的摩天大楼和洲际航班，但人们的生存依然要靠大约 1 万年前祖先培育的作物。这些谷物主食为我们提供了日常需求的大部分能量，但我们当然不只靠面包生活。我们的饮食中还包括许多其他水果和蔬菜。不过，食物种类虽然看起来很多，但我们食用的所有植物都属于同一类，即被子植物。在描述它们的特征之前，我们先来看看早期的植被类型，从而全面看待被子植物惊人的演化创新。

石炭纪的原始森林曾为工业革命提供了充足的煤炭储备，今天仍能为我们提供 1/3 的能源。那些树木都属于孢子植物。它们与现今的蕨类植物类似，通过在风中释放孢子来繁衍，如果孢子落在条件合适的地面上，就会生根发芽并长成一种小型多叶绿色植株，但遗传物质仅有一半。这种分离的植株拥有性器官，它产生的精子能够穿过土壤中的水层游向附近植物的卵细胞。卵细胞受精恢复完整的双组染色体后，就会长成一棵与原树一样大的新树。这真是一种无比奇怪的繁殖方式。就好像人类只要将精子和卵子洒在面前的土地上，每只受精卵就会长成一个小人，而这些小人要相互交配来创造出一个正常的大人。不过，这种繁殖方法对石炭纪沼泽盆地中的孢子植物虽然效果良好，但在这种交互的生命周期里它们却只能囿于潮湿的土壤中。

　　裸子植物——带有"裸露的种子"的植物——出现在石炭纪末期，并发展成今天我们熟悉的所有常绿针叶树种，包括冷杉、松树、香柏、云杉、紫杉和红杉。经过演化，它们能有效地抑制生命周期的中间阶段。裸子植物授粉后会在球花的瓣上形成裸露的种子。种子落地后，还有保护壳的安全防护和少量储存的能量，可等待适当的条件发芽。这种演化创新将植物从湿地中解放了出来。（这在某种程度上类似两栖动物向爬行动物的演化，爬行动物不需要再返回水中繁殖。）随着裸子植物在世界各地扩散，其他植物或者缩进阴影中——蕨菜和其他蕨类植物大都生活在森林里阴暗的林下层，或者像中国中部的银杏一样，只能在偏远的片区茁壮成长。裸子植物今天仍然十分常见，例如北极苔原和北美大草原以及亚欧草原之间的针叶林生态系统中，生长着云杉、松树等茂密的针叶林。在人类历史上，它们既是重要的建材或造纸的木浆来源，又是饮食的一小部分，例如烘烤松子并将其调进沙拉或研磨成酱料。

　　裸露种子的裸子植物统治地表植被将近 1.6 亿年，但主导当今植物界的物种却是被子植物。无论从物种的多样性还是不同栖息地的分布范围来看，它都当之无愧，包括温带的落叶林、热带雨林、干旱地带的广阔草原和沙漠中的仙人掌。被子植物的有性生殖已经提升到了更高水平。它们的卵子不是裸露的，而是包裹在一个由卷曲的叶子发展而来的特殊器官中，种子会在其中发育——被子植物的字面意思即是"包裹的种子"。

然而，被子植物更为显著的特征是它们会开花，通过绚丽的花朵来衬托并凸显自己的性器官。被子植物的这种演化发展能够捕获大量的昆虫，以及鸟类、一些蝙蝠和其他哺乳动物，帮助它们在植株间传授花粉。花朵一开始可能是纯白色，但随着这些植物和授粉者的共同演化——这是地球历史上最伟大的共同演化故事之一，各种花卉颜色和令人陶醉的香味都蓬勃出现。开花被子植物的特殊性器官不仅能让动物帮助它们繁殖，含有种子的卵巢也会发育成肉质丰满的样子来进一步促进扩散——这就是果实。

到白垩纪晚期，即恐龙主宰世界的最后一段时期，地球上的植物看起来已经与今天非常相似，美国梧桐、英国梧桐、橡树、桦树和桤木树科分布广泛。但有一个地方明显不同：在内陆较干旱的、没有森林覆盖的开阔平原地带，仍是一派奇异的场景。虽然早期的石楠和荨麻已经存在，但植物在这个时期结束之前尚未演化，所以恐龙们在完全没有草的地域中漫步。

我们作为灵长类动物的演化以及作为狩猎采集者的发展都取决于被子植物的果实、块茎和叶子。我们发展的农业也几乎完全依赖被子植物。谷物属于被子植物——事实上，我们收获的谷物在植物学上就是草本植物的果实。

根据化石记录，草类第一次出现大约在 5500 万年前，但随着新生代时期地球持续变冷变干燥，到 2000 万至 1000 万年前时，世界上许多地方的生态系统已经变成草地主导。因此，除了东非的干旱化推动人类自身的演化，整个世界的变冷变干燥也有利于某些植物的传播，这些植物后来经人类培育成主要作物，为从古至今的人类文明提供食物。事实上，我们吃的几乎所有其他植物都属于八种不同被子植物科的一种。

草本植物之后，第二个重要的植物是豆科植物，包括豌豆和黄豆、大豆和鹰嘴豆，以及牲畜吃的苜蓿和三叶草。芸薹属植物包括油菜籽和萝卜，这一科中有种似草的芥菜植物；人类通过选择性育种突出它的不同特征，培育出卷心菜、羽衣甘蓝、抱子甘蓝、花椰菜、西兰花和大头菜。其他被子植物包括土豆、辣椒和西红柿等茄科植物；葫芦、南瓜和甜瓜等南瓜属植物；以及欧洲萝卜、胡萝卜和西芹等芹菜科植物。

我们食用的大多水果属于蔷薇科（如苹果、梨、桃、李子、樱桃和草莓）或柑橘科（橙子、柠檬、西柚和金橘）。历史上，棕榈科也发挥了重要作用，不仅为人类提供椰子，还出产影响更为深远的枣椰树，为穿越中东沙漠的商队提供了便携且浓缩的食源。

不同的被子植物，我们食用其不同的部分。我们喜爱的果实是被子植物演化设计的产物，它们味道鲜美且对动物有吸引力，可以帮助植株传播种子。植物内部还有能量储藏室，为来年春天的生长蓄力，例如我们种植的根茎类蔬菜。块根包括木薯、萝卜、胡萝卜、蕉青甘蓝、甜菜和水萝卜，而马铃薯或山药的块茎是植物茎的膨胀部分。我们食用卷心菜、菠菜、甜菜和小白菜的叶子，以及其他生食菜类和香草；但我们吃的花椰菜和西兰花实际上是未成熟的花头。总的来说，我们不仅依赖草本植物，还靠蔷薇丛和颠茄的同科植物生存。被子植物除了作为食物外，还为我们提供纤维，如棉花、亚麻、剑麻和大麻，以及一系列天然药物。

文明的 APP

我们虽然培育并食用众多不同种类的被子植物，但驯化的大型动物却极其有限——被人类选中的动物全都可归为两种哺乳动物。

第一种真正的哺乳动物大约出现在 1.5 亿年前，但在 6600 万年前物种大灭绝期恐龙消失之后，我们的哺乳类祖先才得以扩散到原先爬行动物生活的环境中。然而，如今占主导地位的三大哺乳动物目直到 1000 万年后才出现并开始多样化。它们分别是偶蹄动物（artiodactyls）、奇蹄动物（perissodactyls）和灵长类动物（primates）——统称为 APP 哺乳动物。[1]

第一章讲到，人类属于灵长类动物，这里不再赘述。偶蹄动物和奇蹄动物听起来可能像外来物种，但你其实对它们非常

---

[1] 在对生物的各种类群进行划分的等级分类法中，偶蹄动物、奇蹄动物和灵长类动物分属不同的目。但它们都属于哺乳动物类（最终都属于动物界），每个目中包括不同的物种——例如奶牛（*Bos taurus*）。

熟悉。事实上，你甚至可以说它们就是人类文明的基础。它们是有蹄类哺乳动物的两条分支。偶蹄动物的脚趾为偶数；奇蹄动物的脚趾为奇数。

偶蹄动物包括猪和骆驼，以及所有的反刍动物：羚羊、鹿、长颈鹿、牛、山羊和绵羊。反刍动物通过倒嚼胃里的食物来分解难以消化的草类，然后在四个胃腔的第一个腔里用细菌发酵嚼碎的植物并将其分解成化学物质，最后通过消化系统的其余部分吸收营养。（我们之前讲过，人类找到了解决这一消化问题的技术性方案。）偶蹄动物是当今世界上占主导地位的大型食草动物。偶蹄由两根脚趾组成，对应手上的第三和第四根手指。[1]

奇蹄动物包括马、驴、斑马，以及貘和犀牛。奇蹄动物或者有三个脚趾，例如犀牛，或者只有一个，例如马。实际上，马匹驰骋四方依靠的马蹄就等于我们生气时向某人竖起的中指。与反刍动物不同的是，它们胃部构造更为简单，属于后肠发酵动物。后肠中含有发酵细菌，有助于释放植物中的营养物质，待消化的植物位于肠道内的一个撑大的袋子中，称为盲肠。[2]

---

[1] 偶蹄动物不一定都是植食性的。2500万年前，河马和鲸等古兽类在北美洲漫游，这种带尖牙的、体型如牛的掠食者甚至还攻击过犀牛。

[2] 偶蹄动物和奇蹄动物之间的区别不仅仅是演化生物学上难解的细节，而且深深植根于宗教之中。《摩西五经》只允许犹太人吃既有偶蹄又能反刍的哺乳动物。因此，从演化的角度来看，只有偶蹄类动物中的反刍动物分支属于犹太人的洁食，或者说适合食用的食物。犹太教《圣经》（申命记14：6-8）中专门讲到骆驼，尽管在解剖学上它有偶蹄也会反刍，但也被列为不洁食物（它脚上有硬化的肉垫，可以隐藏蹄）。而伊斯兰教对不同哺乳动物的食用限制较少。《古兰经》仅明确排除了猪肉，而且与犹太教相反的是，骆驼通常被视作清真食品。

令人惊讶的是，我们在过去 1 万年中驯化的绝大多数大型动物，即为人类文明提供肉、副产品和肌肉力量的那些，全都属于同一类哺乳动物。不过，这些有蹄类动物最初出现的方式既神奇又深奥。

地球高烧

在 5500 万年前发生的一次多样化演化的进程中，偶蹄动物、奇蹄动物以及灵长类动物都在大约 1 万年期间突然出现，着实让人惊讶。事实证明，最后在东非演化为智人的祖先们，以及对驯化和文明发展极其重要的动物群体，都出现在地球历史的同一瞬间。这些 APP 哺乳动物迅速出现大概是因为一次地球"痉挛"——全球温度出现极端峰值。①

世界气候的急速升温标志着古新世到始新世地质时代的转折，因此被称为古新世—始新世最热事件（Palaeocene–Eocene Thermal Maximum）——简称 PETM。在不到 1 万年的极短地质时期内，大量的碳（二氧化碳，即 CO_2，或甲烷，即 CH_4）排入大气层，产生强大的温室效应，全球气温因此迅速上升 5—8℃。这个温度峰值使当时世界成为过去几亿年来最热的世界。

尽管环境遭受巨大冲击，全球生态系统彻底改变，但没有

---

① 需要清楚的是，这些新的哺乳动物目最早出现在 5550 万年前的高温期，但我们现在熟悉的物种直到最近才演化出来——例如，奶牛的野生原种大约出现在 200 万年前。

发生白垩纪末或二叠纪末类似的大规模灭绝事件。热带气候一路延伸到极地，因此北极地区也出现了阔叶林、鳄鱼和青蛙。在 PETM 的影响下，一些名为有孔虫的深海变形虫因无法适应升高的水温及海底减少的氧气而消失，而在阳光照耀的温暖海面上，甲藻等浮游生物疯狂繁殖。 PETM 对全球环境的破坏也推动了许多动物快速演化，尤其是新型 APP 哺乳动物目的出现。

我们习惯性认为地球气温的迅速飙升是火山活动的结果，就像过去无数次发生的那样。但奇怪的是，这次温度峰值背后大量突然释放的碳却不是因为火山，而是生物原因。[①]

人们认为，起初的一次火山喷发释放出足量二氧化碳，使海洋升温，直至水下沉积的一种冰——可燃冰（主要成分为甲烷水合物）——分解。可燃冰形成于寒冷、高压的海底环境，并捕获原本由分解菌产生的甲烷气体。但它们遇热就会分解并释放出之前捕获的甲烷，接着，甲烷气体穿过水层进入大气。甲烷是最强大的温室气体之一——它的吸热效果比二氧化碳高80 多倍，因此释放出的甲烷会导致气候进一步变暖，反过来使更多可燃冰分解。除了可燃冰，当南极洲的永久冻土层开始融化且当气候变暖、火灾发生得更加频繁时，也会释放出更多的

---

① 我们通过测量海底岩石中的碳含量形成了上述认识。碳原子具有几种不同原子量的变体，称为同位素。轻质碳优先被主要的生化反应捕获，因此，生物体中的分子及它们释放的二氧化碳或甲烷含有更多的轻质碳。当科学家分析 PETM 时期海底石灰岩中的碳同位素时（这是测量当时大气层的一种方法），他们发现轻质碳比例大幅上升。这意味着涌入大气层造成温度峰值的二氧化碳或甲烷气体最初一定来源于生命。

温室气体。最初的那次火山爆发就像引爆生物碳排放"炸药包"的导火线一样，形成了 PETM 时期炎热的气候。

温度飙升虽然破坏力大，但它只是一段非常短的地质时期，大气和全球气候在 20 万年左右的时间内又恢复到原先水平。然而，这次全球变暖——海洋释放大量甲烷导致短期骤然升温——催生出人类历史上最重要的三种哺乳动物。偶蹄动物、奇蹄动物和人类所属的灵长类动物均在 PETM 初期突然出现，之后迅速扩散到亚洲、欧洲和北美洲。

如果说 APP 哺乳动物目由这种温度极端峰值催生，那么偶蹄动物和奇蹄动物主导的生态系统便由过去几千万年间全球的变冷、干旱造成。随着草原在干旱的大陆上不断扩展，植食性有蹄类动物也开始扩散，并分化成许多不同的物种，包括我们的奶牛、绵羊和马的原种。因此，草原不仅为我们提供可培植的谷类作物，也推动了我们驯养的大型有蹄类动物的演化。但当世界经历过上一次冰期，世界各地的人类社群开始定居并驯化他们周围发现的野生生物时，谷物和有蹄类动物的分布范围并不均匀，这对随后的文明进程产生了深远的影响。

欧亚大陆的优势

自然界大约有 20 万种植物，但只有几千种适合人类食用，具有培植潜力的更少，只有几百种。前面讲到，支撑整个人类文明史的主要作物是谷类作物，但这些谷类作物所属的野生草本植物在全球的分布并不均匀。在 56 种谷物颗粒最大、营养最高的谷类作物中，32 种野生在西南亚和地中海沿岸，6 种生长在东亚，4 种在撒哈拉以南非洲，5 种在中美洲，4 种在北美洲，而南美洲和澳大利亚各有 2 种。

因此，在农业与文明之初，欧亚大陆就有非常丰富的草本植物，不仅适合人类培植，也能养活不断增长的人口。在天赐的丰富生物之外，欧亚大陆的走向也极大地推动了谷物在遥远地区间的传播。当盘古超大陆分裂时，陆地上的裂缝恰好留给欧亚大陆一片东西走向的广阔地块——整个大陆的跨度超过地球圆周的 1/3，但大部分集中在一条狭长的纬度带。在地球上，由于气候类型和生长季长短主要取决于纬度，欧亚大陆某一个地方培植的谷物便可以移植到大陆的其他地方，几乎不需要适应新环境。因此，小麦种植很容易从土耳其高地扩展到整个美索不达米亚、欧洲，一直到印度。相比之下，南北美洲虽然由巴拿马地峡连接，却是南北走向。在这里，最初在一个地区培植的作物要想传播到另一个地区更加艰难，因为它要重新适应不同的生长条件。新旧世界这种根本的区别源自板块构造和大陆漂移的作用，且长期赋予了欧亚大陆文明巨大的发展优势。

大型动物在全球的分布也不均匀，在这方面，欧亚大陆的人类社会占据着另一项优势。适合驯养的野生动物需要具有如下特征：能提供营养食物、天性温顺、对人类没有与生俱来的恐惧感、自然放牧的习性以及能够圈养繁殖。但只有很少数的野生动物完全符合上述要求。世界上共有 148 种大型哺乳动物（体重超过 40 公斤），72 种分布在欧亚大陆，其中 13 种被驯化。

在美洲分布的 24 种中，只有美洲驼（及其近亲羊驼）被南美洲人驯化。北美洲、撒哈拉以南非洲和澳大利亚完全没有可驯化的大型动物。人类历史上最重要的五种动物——绵羊、山羊、猪、奶牛和马——以及在某些地区用作交通工具的驴和骆驼，只出现在欧亚大陆，它们的驯化在几千年内传遍了整个大陆。这些大型哺乳动物对人类历史影响最为深远，因为它们不止提供肉，还提供副产品（奶、皮和毛），以及畜力。

马科动物（与马相关的物种）在北美长满草的平原上演化，但到最后一个冰期结束时，只剩下欧亚大陆幸存的四群：近东的野驴、北非的驴、撒哈拉以南非洲的斑马和亚欧草原带的马。同样，现代骆驼的原种——与马和其他动物一起，担负长距离驮运货物或人类的重要职责——生活在加拿大北部极地的寒冷气候中，并在上一个冰期海平面较低的时候越过白令陆桥进入欧亚大陆。亚洲双峰驼便是这些美洲移民的直系后裔，不过非洲和阿拉伯半岛较为炎热的沙漠中却演化出了单峰驼，通过体表面积最小化来减少水分流失。这些骆驼成为穿越撒哈拉沙漠、阿拉伯半岛和亚洲草原带南缘沙漠的长途商路的支柱。骆驼科动物还穿越巴拿马地峡进入南美洲，演化成美洲驼和羊驼，但作为驮畜，美洲驼的负载力不比人高多少，而羊驼的用处只在于羊驼绒。

美洲文明面临着生物匮乏的问题，但极其讽刺的是，这两种对欧亚大陆的交通和贸易至关重要的动物实际上是在美洲演化，然后沿着白令陆桥迁移到欧亚大陆的。但马和骆驼这两个物种随后却在它们的故乡绝迹，可能遭到了最近的冰期中沿同一座陆桥从反方向来到美洲的早期人类的过度捕猎。就这样，第一批美洲人在无意中阻碍了整个美洲大陆未来文明的发展。

驴、马和骆驼对于横贯欧亚大陆、阿拉伯及非洲的草原、沙漠和山区的商旅路线至关重要，它们有力地推动了经济发展，并能在旧世界中运载人类，传播资源、思想和技术。与此同时，美洲生物匮乏，无法从这些重大变革中受益。后来再没有数量众多的骆驼返回美洲，但是马在16世纪初却被西班牙征服者带到了故乡。当这两个世界在16世纪重新建立联系时，继承了欧亚大陆各种优势的欧洲诸国开始主导美洲的文化。

当人类出现在新生代，即"新生命"的时代时，被子植物和哺乳动物——种子被包裹的植物和带有乳房的动物——已经遍布世界。但在这些大类中，我们对所驯化培植的物种总是极其挑剔。从古至今，人类文明均以谷类作物为主食，它们随着过去数千万年逐渐寒冷、干燥的气候扩散到世界各地。这些草地的扩张也推动了我们驯化的有蹄类动物的多样化，从而为我们源源不断地提供肉、奶和毛料、驮力和牵引力。但在最后一个冰期结束后不久，当人类能够作为农民定居并开始走上文明之路时，世界各地可驯化动植物品种的不均衡分布以及各大洲基本走向的差异，对历史的形态产生了深远的影响。

最古老的文明中有许多都是沿着底格里斯河、幼发拉底河、印度河、尼罗河和黄河等大河道而形成的。它们是农业稳定发展和早期城市所仰赖的生命线，而政治力量往往源于对灌溉水流的集中控制。农业想要成功，完全依赖于从海陆水循环中截获淡水——水分从海洋中蒸发，变成雨水降落，渗透到地下，然后再流回大海。河流通常是这个水循环中最可靠的元素，它们仍然是供养当今世界众多人口的关键。工业化农业的效率大大提高，现已经能养育超过 76 亿人口。今天，全球 40％以上的人口居住在印度、中国和东南亚。

水塔

西藏是世界上海拔最高、面积最大的高原，由于拥有数万道冰川，它是南北极以外冰川冰和永久冻土储量最丰富的地区。它经常被称为世界的第三极。这些冰川和积雪的融水形成了流经整个中国和东南亚的十条最大河流的源头。这些大河都携带着从山脉中侵蚀而来的巨量沉积物，为冲积平原和平原上开垦的稻田提供丰富的营养。

因此，青藏高原成为整个大陆的水塔，它通过这些河流储存并分配宝贵的资源，为 20 多亿人提供饮用水、灌溉水和水电。这里不仅有储藏着大量淡水的仓库，还有丰富的铜和铁矿石，对于人口和经济不断增长的中国来说，这一区域非常宝贵。

第四章　海洋地理

海洋占据了地表近四分之三的面积。因此，作家亚瑟·C.克拉克调侃说我们不应该把地球称为地球，而是水球。在本书的主题中，海洋是地球生命与外太空之间密切联系的最佳例证之一。水对于地球上所有的生命都至关重要，但是当地球从原太阳周围盘旋的尘埃和气体星团中形成时，本身非常干燥。地球距离太阳非常近，因此形成地球的岩石物质中无法储存太多冰，地球形成时的热量将整个星球融化，并蒸发掉所有的水和其他挥发性化合物。因此，我们海洋中的水是在地球诞生后才有的，是由太阳系温度较低的外部区域的冰质彗星和小行星撞击地球而带来的——就像来自外太空的闪电一样。

这种地外来冰形成的海洋自然对地球的天气和气候系统有巨大的影响，地壳内的水有助于板块构造活动。但是，地球上的海洋通常被认为只是空旷辽阔的水域。它们是地图上的空白区域或页面上的空隙，仅仅衬托出陆地的轮廓。我们总认为人类历史都在大陆和岛屿上发生，人类数千年的故事也在这里展开。但是大海也有自己丰富的故事。

变水为财富

人类自诞生之初，就仰赖地球上的水域获取食物。数万年来，从河流、湖泊或近海区捕捞的鱼类为人们提供了丰富的营养。而到远离陆地的开放海域中捕鱼需要更高的造船和航海技术。北欧的水手非常擅长远途航行，从公元 800 年左右开始，他们的干鳕鱼国际贸易就已经扬名海外。其他欧洲人纷纷学习北欧的开放海域航行技能，同时北海也成为一片重要的渔场。在这里，我们可以认识到海洋地理——尤其是海底的地形——在历史上究竟有多么重要。

在北海中部，英格兰与丹麦之间，坐落着多格滩（Dogger Bank）。这是一片巨大的沙洲，据说原是最后一个冰期中堆积在斯堪的纳维亚冰盖前端的大型冰碛。在最后一个冰期海平面降低期间，整个地区变得十分干燥，被称为多格兰（Doggerland），也成为我们祖先的优良狩猎场。如今它虽被水淹没，但是多格滩一直延伸到海浪下，形成了一大片浅水区，由此打造出一个捕获鳕鱼和鲱鱼的高效捕鱼区。（"多格"是一个古老的荷兰词汇，意指拖网捕鱼船。）就这样，我们祖先在冰期的狩猎场淹没到水下并变成了中世纪水手慕名而来的富足渔场。

这个沙洲有助于北欧在公元 1000 年左右开展捕鱼活动。由于渔民之间的竞争日益激烈以及近海区的过度捕捞，北欧、巴斯克和其他欧洲水手开始越来越深入北大西洋，期望找到鱼类丰富的渔场（先寻找鳕鱼，后来是鲸）。在向西冒险的途中，欧洲水手经过冰岛到达格陵兰岛，然后来到美洲的东北海岸。

北欧渔民在纽芬兰建立了殖民地，比哥伦布横渡大西洋足足早了500年。正是在这些航行过程中积累的经验——航海技术和精湛的造船术——使欧洲水手能够在15世纪初开启地理大发现时代，建立辽阔的跨境贸易帝国（我们将在第八章中详述）。但北海地形也对现代世界的形成产生了另一个重要影响。比利时和荷兰等低地国家位于北欧平原平坦的海岸线上，荷兰从13世纪开始就学会用风车进行排水，以期从海洋和沼泽中开垦新的农田。它们其实是在恢复冰期时露出，但后来被上升的海平面淹没的多格兰大陆的一部分。但是建造堤坝和风车来恢复大片土地的代价很高，只能通过社区资金池来筹集资金。地方教堂或议会向居民征收必要的款项，而新开垦农田的利润则为最初资助该项目的人共享。很快，社会上每个人都将闲钱投入为这些大型企业融资的债券中，这反过来也促进了信贷市场的繁荣。由于地形的限制和管理海洋的必要性，荷兰成为资本家的国度。

这一体系在17世纪自然地转变为国际商务——从购买当地风车的股份到为开往香料群岛的贸易船提供资金仅一步之遥。将项目总成本分成小份额的做法也分散了投资者的风险——他们可以将少量资金分散投给多艘船，这样即便某一艘船遇险，也不会受到太大影响。这就鼓励人们去投资，而不是简单存钱，因此贷款利率稳定在较低水平，进一步投资的资金成本也比较低。荷兰人还积极采纳并极好地完善了期货市场的概念。这是就某种商品在未来的某个时间点的价格进行谈判的能力——例如保证下周或者本年度100磅（1磅≈0.45千克）多格滩鳕鱼的价格稳定不变。然后，这些虚拟物可以像实际产品一样自行买卖，从而形成一种不基于实际库存商品的抽象交易。

　　17世纪初，第一个国家中央银行以及第一个正式股票市场在阿姆斯特丹成立，此时荷兰已经成为欧洲经济最发达的国家。这些正规的资本主义工具很快被推广到其他国家，发展出工业革命所需的金融机构。就像中世纪荷兰的风车一样，英国的磨坊、工厂和蒸汽机也需要众多不同且充满信心的投资者注入资金，否则成本过高。荷兰的金融创新源于其低洼的地形和排海造陆的需求，有助于建立现代世界。

　　在人类历史上，海洋还以许多其他方式起着作用。例如，海洋可以将一群人与其他人隔离开来，例如塔斯马尼亚岛。最后一个冰期后，随着海平面上升，岛上居民被隔绝在主岛之外。由于岛上人口稀少，无法传承渔网和渔叉等工具和捕鱼技术，后逐渐被世界遗忘。或者，如我们之前所述，海洋可以有效抵御入侵并保持岛国的独立性，例如英国。海洋就像陆地上的沙漠：它们本身无法栖居，[①]但可以作为人和货物流通的通道。尽管有风暴，但海面本身是一种平坦便利且没有阻力的介质，可作为远距离贸易的高速通道。港口位于海陆交界处，货物在这里从船舶转移到河船或马车上（或近年的火车和卡车上），然后前往内陆需要的地方，其中许多港口发展成为经济繁荣、政治影响巨大的城市。正是因为精通航海术，欧洲国家从16世

---

① 其实对人类来说，海洋就如同荒芜的沙漠。正如塞缪尔·泰勒·柯勒律治在《古舟子咏》中所言："水呵水，到处都是水，却没有一滴能解我焦渴。"海水的盐含量意味着饮用海水是致命的，水手需要随身储备淡水，就像穿越沙漠的大篷车一样。

纪初开始建立辽阔的海洋帝国，它们在架有大炮的海上堡垒——舰队——的帮助下，将自身力量投射到了远方。海上航线的咽喉，即船舶限行的狭窄海峡，无论在几千年前还是今天，都是地缘政治及各国间强权行为的战略核心。

通过上述不同的方式，我们世界版图上巨大的蓝色区域对人类历史的影响，丝毫不亚于陆地上代表平原、森林、沙漠和冰山的绿色、棕色和白色区域。海洋地理与这些陆地景观一样，对人类历史起着导向作用。接下来，我们将从地中海讲起。

内海

地中海地区是地球上最复杂的构造环境之一。在这里，非洲板块向北移动，俯冲到欧亚板块之下，两大板块中间凌乱地夹着几块较小的板块，引发一连串的造山和火山活动。从古至今，地中海一直是文明交汇的活力之所，在这片相对较小且封闭的区域内，各种文化不断涌现、发展，交换资源、交流思想，并相互竞争，彼此开战。这两种现象有关联吗？地中海的构造环境成为古代文明发展的沃土，原因究竟何在？

几千年来，地中海的海上活动始终十分活跃。从米诺斯人和腓尼基人等青铜时代的商人，到希腊城邦和罗马帝国，再到中世纪晚期的热那亚和威尼斯贸易帝国，这片椭圆形的海洋将沿岸的人民和文化紧密联系在一起。地中海属于内海，海上航程通常较短。北部海岸由构造板块形成的高山，成为离岸航行时有用的陆标。与大西洋相连的直布罗陀海峡极其狭窄，意味着地中海地区的潮汐通常很小——仅有几厘米，水面也没有大型洋流使船偏离航线。然而，地中海其实会出现强烈的风暴，气流来自周围的陆地，因而风向复杂多变。总的来说，这片内海是进行文化交流和贸易的理想场所。不过，纵观历史，地中海区域的失衡是显而易见的：绝大多数文明都出现在地中海北岸，而不是南岸。

你只消粗略地浏览地中海的版图，就会注意到北岸的轮廓与南岸（非洲一侧的海岸）明显不同。北岸遍布着岛屿，从爱琴海南部微小的基克拉迪群岛（Cyclades archipelago）到绵延几百公里的大陆块——撒丁岛、克里特岛和塞浦路斯，形态各异。其中许多岛屿现在都成为备受欢迎的度假胜地，不过，仅仅通过岛上分布的古代遗址数量，就足以说明它们在整个古代文明中所起的奠基作用。南北岸的区别不仅在于海面上的无数岛屿，北岸的海岸线也更为丰富多样——布满了入水口、峡谷、海岬和海湾。

例如，爱琴海海岸及其岛屿，也就是许多古希腊城邦的所在地，占整个地中海海岸线长度的 1/3，但只占其陆地面积的一小部分。非洲海岸线则完全是另一幅景象，有一点点——普通。如今阿尔及利亚、突尼斯、利比亚和埃及的海岸线单调平缓，基本上没有近海岛屿。

你可能会认为一片如此分裂的地块将阻碍早期社会的发展。在现代公路、铁路和机车出现之前，沿陆路旅行或经商的确非常困难。平缓的河流或海上交通则更加方便快捷，特别是大宗货物的长途贸易。因此，地中海相对平静的水域将北岸划分为许多小陆块，对城邦与王国之间的人员和货物流通十分有利。北岸还拥有大量优良的天然港口。简而言之，地中海北岸是海上活动的理想之地，因此许多古代文化在北岸地区蓬勃发展。

另外，地中海南岸的非洲海岸线总体上不利于发展航海。它只有极少数受保护的天然港口，且腹地是不适合农业生产与居住的沙漠。北非海岸顽强存活的文化通常集中于海岸线附近适合耕种的狭长地块；但除了磅礴的尼罗河哺育的埃及文明之外，这些文化无法深入内陆。当然，非洲海岸线上也有一些主要港口。现在突尼斯北端的迦太基是一座优良的天然海港。公元前814年，这个港口成为腓尼基的殖民地，并在接下来的五个世纪控制了地中海西部的贸易活动。它成为罗马共和国的主要竞争对手，在冲突导致的一系列战争下，最终，迦太基于公元前146年彻底覆灭。①

北非海岸另一个主要城市是尼罗河三角洲的亚历山大。它由亚历山大大帝于公元前331年创立，并在他死后的三个世纪中成为埃及托勒密王朝的首都（直到公元前30年克利奥帕特拉逝世）。它也发展为古代重要的知识文化中心，尤其是其举世闻名的图书馆。这座城市建在辽阔的尼罗河三角洲边缘一块稳

---

① 腓尼基文明在很大程度上源于他们的自然环境。他们于公元前1500年左右在狭长肥沃的地块上建立文明，也就是今天的叙利亚、黎巴嫩和以色列的海岸线一带，既能到达地中海东部海岸的天然港口，又能利用雪松林造船。腓尼基人面向大海，作为专业水手和商人活跃了大约一千年，他们建立了广阔的贸易网，并在包括迦太基在内的地中海边缘建立了许多殖民地。他们还发明了字母表，我们所说的"圣经"（Bible）一词源于古老的腓尼基城市比布鲁斯（Byblos），后者出口书写用的纸莎草纸。

固的条形地块上，而矗立在法罗斯岛上高达 100 米的灯塔则引导船只进入港口。经过精心选址，它被建在尼罗河的西岸，避免了港口淤塞，因为地中海的水流会将尼罗河中的沉积物冲向东侧。沉积物从三角洲中逆时针涌出，覆盖到地中海东部一大片区域，形成笔直的沙质海岸线。直到北边的海法有座山突入大海，保护海湾不受沿滨泥沙流侵扰，地中海东南部才出现了一个优良的天然海港。

北非干旱的气候（第七章将会详述）和平坦的海岸线一起妨碍了地中海南岸出现诸多伟大的文明。除了迦太基和亚历山大，北非从直布罗陀海峡到尼罗河三角洲将近 4000 公里的海岸线在历史上毫无波澜，而地中海北岸不同的文化、城市和文明则峥嵘交响。

但为什么地中海南北岸相隔不过几百英里（1 英里≈1.6 千米），地理状况竟如此不同？这种重大差异要再一次追溯到地质原因。

如今的地中海其实不过是曾经一片汪洋大海消逝后留下的"水坑"。大约 2.5 亿年前，我们的世界还是混沌一团。地球的构造板块不断运动，偶然将所有主要的大陆地壳拼合在一起，形成一座统一的大陆：超大陆。在二叠纪末期，盘古大陆（Pangea）——意指全部陆地——大约呈马蹄形从一极延伸到另一极，它臂弯里环抱着的是一片叫特提斯的海洋。[①]当时，

---

① 地球的另一面是一片无边无际的汪洋——泛古洋，甚至比今天的太平洋还要大。

你可以脚不沾水地穿过盘古大陆，从北极走到南极，并且穿越超大陆中心地带的巨大沙漠平原。

不过，盘古超大陆形成后不久，便又开始分裂了。我们现在熟悉的各大陆先后分离出来，形成如今的结构。北美洲首先分离出来，沿着形成北大西洋的海底扩张裂缝断开，然后南美洲与非洲分离——它们的海岸线至今还保持着明显的契合状。印度与南极洲分离后，一路北上，而非洲则转而靠近欧洲。在过去的6000万年间，非洲、阿拉伯半岛和印度都与欧亚板块发生过冲撞，并在其南部边缘形成了从阿尔卑斯山到喜马拉雅山的高山带。

盘古大陆业已不在，特提斯海也几乎消失不见。随着非洲板块向北推进，特提斯海逐渐缩小，洋壳一步步被欧洲板块吞没，海底沉积物向上拱起成山。大约到1500万年前，特提斯海仅剩一条狭窄的海上航道，两端开放，一端位于北非和伊比利亚半岛之间，另一端穿过波斯湾。它还有一条长长的"手臂"向北延伸，淹没了西亚。但红海裂开后，阿拉伯半岛被迫从非洲之角转向并撞击欧亚板块的南部边缘，形成扎格罗斯山脉。这一运动创造出我们今天所知的中东地区，同时封锁了地中海的东部开口。特提斯海的北部支流干枯，仅在西亚留下了布莱克河、里海和咸海（Aral Seas）。与此同时，由于非洲仍在向北推进，其西北端挤入伊比利亚半岛，最终在600万至550万年前从西端切断了地中海与大西洋的联系。

现在，地中海与世界上其他海洋完全隔离，由于气候炎热，这里水分蒸发的速度太快，所有注入其中的河流都无法完成补给，于是它迅速干涸。随着水位的下降，地中海被一座山脉分成两半，这座山一直延伸到突尼斯境内，成为阿特拉斯山脉的一支。①地中海的西半部完全干涸，海底在太阳的炙烤下析出了大量盐分。事实上，单从地中海底部累积的盐分厚度来说——有些地方达到 2000 米深——这片海域曾经必定干涸过，后来通过大西洋多次倒灌重又盈满。这一过程减少了全球海洋大约 6% 的盐含量。东地中海盆地更深，但因为尼罗河的部分水流注入和黑海通过博斯普鲁斯海峡的补给，虽然它的水面在海平面以下数千英尺（1英尺≈ 0.3 米）处，却并没有完全干涸，而是以一片半咸水湖的形式存在，与如今的死海无异。

　　然后，大约在 530 万年前，不间断的构造活动使地中海西部边缘沉降，地中海再次永久打开。大西洋灌入的海水一开始是涓涓细流，然后发展成为一股汹涌的洪流，大量的水顺着盆地的四壁注入，重新盈满空旷的、遍布尘土的地中海盆地，这一过程可能只需要两年。如今的直布罗陀海峡便是被这股巨型洪水侵蚀而成的。

　　地中海现在仍在收缩，最终会消失殆尽，因为非洲构造板块还在向北推进。板块运动解释了地中海南北岸的地理差异。地中海南岸相对平缓，缺乏天然港口，因为非洲板块俯冲到欧亚板块之下，并在该板块下面消磨、毁损。而整个地中海北岸海岸线在板块的撞击下，都变得崎岖多山。在这里，结合构造下沉运动与我们目前处于海平面较高的间冰期的事实，形成了

————————
① 迦太基港正位于这片隆起的地域上，西西里岛和意大利的"足尖"也都是这座海底山的山峰。

一条没于水下的海岸线。地中海北部错综复杂的地形，即拥有众多岛屿、海岬、海湾和大量受保护的天然港口，就是这一水下景观的作用。正是这种基本的构造情况使北岸发展出丰富的海洋文化，也因此影响了从青铜时代至今的历史。

辛巴达的世界

地中海这片内陆海将欧亚大陆最西端的文化联系在一起，形成一片巨大的贸易网。但是，更远距离的海上贸易也塑造了人类文明史。古往今来，无数文化和帝国在欧亚大陆的南半部（横贯大陆的干草原带以南，第七章将会讲到）兴衰更替。这些社会沿着这片广阔大陆南缘的海上航线进行贸易往来。

连接东亚和西亚的海上航线穿过印度洋。公元前 3000 年左右，美索不达米亚的商人们将货物运往南部，来到底格里斯河和幼发拉底河汇合并注入波斯湾的地方。之后，他们乘船沿波斯湾南下，经过狭窄的霍尔木兹海峡，再沿着南亚的海岸线来到印度河河口。随着地中海沿岸出现埃及、腓尼基和希腊文明，另一条贸易大动脉也随之打通。从尼罗河三角洲出发，驼队沿陆路经东部沙漠（Eastern Desert）将货物运送至红海港口。货物装船后，船只向南穿过狭长的红海，绕过阿拉伯南部边缘，然后进入印度洋。

这段航程并不容易。红海沿岸隐藏的沙洲为航行埋下了隐患，天气酷热，再加上极度干旱，两侧都是大片沙漠，也就意味着沿岸几乎没有淡水补给。其实，红海南端入口处的海峡被阿拉伯水手称为曼德海峡（Bab-el-Mandeb）——"泪之门"。在开始穿越红海北上的漫长旅途前，船只都会先在阿拉伯半岛西南端、扼守曼德海峡门户的亚丁港停留。亚丁坐落在一座死火山的火山口，不仅是至关重要的淡水补给站，也从繁忙的转口港发展成一座繁荣、防守森严的城市。[①]

红海和波斯湾通往印度洋的航线上商船熙熙攘攘，而这两条海上通道都是同一次构造活动的结果。我们在第一章讲过，红海是 Y 形裂缝体系的三条分支之一，随着巨型地幔热柱在非洲地壳下膨胀上升，最终将地表撕裂。南面这一分支——东非大裂谷——的扩张，为人类的演化奠定了基础，而西北面更深的裂缝将阿拉伯半岛从非洲上"撕"下来，海水灌入这条 2000 公里长的裂缝，形成红海。[②]

在北部，阿拉伯半岛只有一片狭长的地块——西奈沙漠——与非洲相连，随着红海的扩大，阿拉伯半岛朝东移动，撞向欧亚板块的南部边缘。这种褶皱隆起造就了伊朗的扎格罗斯山脉；沿着扎格罗斯山脚，地壳挤压塌陷成一个楔形的前陆盆地，印度洋顺势倒灌，形成波斯湾。

---

① 从 19 世纪中期开始，亚丁对英国人也具有了重要的战略价值。该港口与苏伊士运河、印度西部海岸的孟买和东非的桑给巴尔大致等距，当时所有这些地方都在英国的控制之下。在蒸汽船的全盛时期，亚丁是装载煤和锅炉水的重要中转站。这与 1898 年美国吞并夏威夷的原因完全相同，后者是美国海军在太平洋作业的一座装煤站。

② 红海北端陆壳的进一步碎裂形成了苏伊士和亚喀巴两条狭窄的海湾，亚喀巴湾向北延伸形成加利利湖、约旦河谷和死海，死海的湖岸位于海平面以下 400 米处，是地球表面陆地的最低点。

红海和波斯湾到印度的最早贸易线路是沿海岸线展开的。但到公元前 100 年左右，埃及托勒密王朝的商人发现可以利用夏季的西南季风，经过曼德海峡，直接横穿印度洋到达印度西海岸，航程仅需几周，冬季再借东北季风返航。掌握了地球上这一大气环流特征后（第八章会详述），亚欧的海上贸易迅速发展。不过，到公元 7 世纪末，伊斯兰帝国征服了阿拉伯、北非和西南亚，并禁止欧洲水手通过曼德海峡。接下来的数世纪里，穆斯林商人的单桅帆船和大篷车统治着亚洲三条主要的东西向贸易航路：分别从红海和波斯湾出发，横穿印度洋的海路和穿越亚洲中部的丝绸之路。这就是《一千零一夜》中航海家辛巴达所处的世界，他的七次海上冒险均先在巴格达装满货品，然后从巴士拉起航，沿波斯湾向南航行。

在伊斯兰帝国统治这些贸易航线之前，斯特拉博和托勒密等希腊罗马的地理学家都非常了解印度，但关闭红海门户后，印度便像神话中的地方一样遥远。等到将近一千年后，欧洲人才又一次驶入印度洋（我们在第八章将会讲到）。当他们再次来到这里时，他们会发现东南亚的贸易网与地中海一样充满生机。

香料世界

实际上，东南亚的海况在许多方面都和地中海极为类似。但那里没有四面被陆地环绕的内海，而是岛屿星罗棋布，东西贯通辽阔的印度洋和太平洋。东印度群岛属于欧亚大陆架的一部分：海域相对较浅，陆块只是这一地形中耸立在海面上方的高地。像地中海北岸一样，这一地区的边缘也是活跃的火山带，因为印度—澳大利亚板块和太平洋板块俯冲至欧亚板块下面，遇热熔化并向上释放出一团团岩浆。

一连串火山贯穿苏门答腊岛和爪哇岛，并绵延至班达群岛。火山活动不仅带来肥沃的土壤，也上演了历史上某几次最猛烈的火山爆发，如 1815 年的坦博拉火山爆发和 1883 年的喀拉喀托火山爆发。大约 7.4 万年前，印度尼西亚的多巴超级火山（Toba supervolcano）爆发是过去 200 万年来最大的火山爆发。它喷出的巨量火山灰覆盖了地球表面的 1%，遮天蔽日的灰霾可能导致全球气候变冷了数十年。（甚至有人争辩说，正是多巴火山的爆发导致了人类幸存人口的暴跌。）

地中海拥有几百座岛屿，但东南亚点缀着 26 000 多座，其中包括婆罗洲和苏门答腊岛等绵延上千公里的陆块，也有微小的火山臼。由于陆地极端分散，再加上岛上崎岖多山的地形，这里不可能像中国或地中海周围那样形成疆域统一的大帝国。然而，这些东南亚海域的贸易却十分兴旺。除了来自印度的棉花，中国的瓷器、丝绸和茶叶，以及日本的贵金属，最有价值的商品便是香料，例如印度的胡椒和生姜，锡兰岛（斯里兰卡）的肉桂，以及"香料群岛"——摩鹿加群岛的肉豆蔻、豆蔻皮和丁香。①

---

① 印度的黑胡椒在植物学上与灯笼椒（甜椒）和辣椒有很大差异，后两者都是原产于中美洲和南美洲的辣椒属植物的果实。这些新世界物种原本默默无闻，直到 15 世纪欧洲人发现美洲，交换过驯养的动植物后（即哥伦布大交换），才扩散到世界其他地区。

香料的价值不仅在于为食物调味，还在于人们臆想的催情和药用特性。它们源自该地区热带气候中生长的不同植物。辣椒是一种果实，生姜是一种根，肉桂是一种树皮，丁香是未盛开的花苞。肉豆蔻和豆蔻皮则是同一种常绿树木的种子和包覆种子的膜。其中一些植物在该地区十分常见。例如，胡椒广泛分布在南亚和东南亚各地，虽然历史上胡椒的主产地是印度西南部的马拉巴尔海岸。印度的西高止山脉虽然海拔较低，却可以收集夏季季风带来的降水，进而形成一种潮湿的热带气候，为这种特殊藤蔓的生长提供理想环境。

但其他香料在其原生栖息地中极为珍稀。丁香最初只生长在摩鹿加群岛北部几个小岛的火山土中：巴占岛（Bacan）、马基安岛（Makian）、莫蒂岛（Moti）、蒂多雷岛（Tidore）和德尔纳特岛（Ternate）。而肉豆蔻树只生长在9座"针尖"大小的岛屿——班达群岛上，位于摩鹿加群岛更偏南的地方。这些稀有香料的价格很高，尤其是当商人千里迢迢地将它们带到西部的地中海时。这些微小的火山岛的商业重要性远远超出它们的面积。①

东南亚的海上贸易网要比地中海这口"水坑"大得多。有从印度洋发端、穿过狭窄的马六甲海峡的航路，有从中国东海

---

① 因此，在17世纪后期，第二次英荷战争之后，荷兰将曼哈顿割让给英国，以换取香料岛——卢恩岛（Island of Run），即班达群岛最小的岛屿之一。卢恩岛只有3.5公里长，但获得它的控制权能确保荷兰在东印度群岛肉豆蔻贸易的垄断地位。就这样，曼哈顿换成肉豆蔻，而新阿姆斯特丹（New Amsterdam）更名为纽约（New York）。

出发、向南推进的航路，也有从东部的摩鹿加香料群岛扬帆的航路，所有航路都汇集在马来半岛、爪哇群岛或苏门答腊群岛的贸易港。到公元1400年，马来半岛东南部的马六甲港已经从一座小渔村成长为世界上最大的海洋贸易中心之一。它位于800公里长的马六甲海峡的中部，介于马来半岛和狭长的苏门答腊岛之间，恰好在漏斗状海峡收缩至60公里宽的地方，战略位置非常重要。马六甲海峡是东半球最重要的水路之一，因为它是印度洋与中国南海之间至关重要的海上通道。港口繁华的市场充斥着各种各样的商品：威尼斯的羊毛和玻璃、阿拉伯的鸦片和熏香、中国的瓷器和丝绸，自然还少不了班达群岛和摩鹿加群岛的香料。马六甲曾是世界上最国际化的地方之一，那里的港口就像一片桅杆森林，来自印度洋的单桅帆船停在来自中国和香料群岛的戎克船（junks）旁边；那里的人口数量超过里斯本，而在喧闹的市场中能听到几十种不同的语言。香料贸易的丰厚利润成为欧洲航海家在15世纪末试图寻找通往东方的新航路的主要动力。[1]

到达东方之后，他们试图通过控制此处海洋地理的关键特征——海上咽喉——来主宰广阔的东南亚贸易网络。但为了阐明这些特征的历史重要性，我们首先要了解古希腊。

---

[1] 欧洲当时已然拥有许多草药和香料：阿拉伯商人从西班牙引进的藏红花，地中海东部原产的香菜和孜然，以及欧洲本土的芳香植物——迷迭香、百里香、牛至、墨角兰和月桂。但来自异域东方的胡椒、肉豆蔻、豆蔻皮和丁香更为罕见，因此在西方市场很有价值。

海上咽喉

我们之前讲过，希腊崎岖的地形使海岸线上点缀着许多入水口、海湾和海峡，这都是天然港口的要件，因此希腊的海上贸易充满活力。事实上，这种多山地形必定有助于维持古希腊城邦的自治。陡峭的山脉向南直达海滨，将各城邦完全隔绝开来，同时也使所有城邦都无法拥有建立帝国的绝对统治力。于是希腊便涌现出多座城邦，它们共享一种文化和语言，又始终在竞争中分分合合。[①]但与此同时，滨海平原的匮乏限制了农业的发展。希腊不像美索不达米亚和埃及那样有土壤肥厚的冲积平原，它的内地虽然有肥沃的河谷，数量却不多。希腊的山区通常只有一层薄而轻的土壤，由于降雨量不足且难以预测，大部分地区都很干燥，而大型河流过少，又无法进行大面积灌溉。实际上，除了阿尔卑斯山西端的罗纳河外，欧洲的主要河流都被大陆碰撞造成的群山阻挡而不能流入地中海。

---

① 希腊的地形也决定了国内战争的特点。峡谷和陡峭的山脉及丘陵的崎岖地形不利于使用亚洲平原上常见的战车，也不适合组建骑兵方阵。相反，希腊各城邦发展出重装步兵军，即手持长矛和盾牌的步兵。公元前7世纪时，他们被训练在严密的方阵中作战。这些重装步兵军不是专业的士兵，而是自备青铜武器和盔甲的公民——农民、工匠和商人。因此，希腊的战争不是由驾战车或骑战马的精英阶层主导的，而是由全体公民协作的，方阵中的每个人都相信旁边的战友会用盾牌保护自己。希腊文化中这种自由民之间的团结促使一些城邦发展出早期的民主，尤其是雅典（尽管妇女、奴隶和非土地所有者仍被排除在政治进程之外）。

以上各种环境因素表明，历史上希腊半岛出产的粮食始终难以养活岛上人口，许多希腊城邦经常面临粮食短缺和饥荒的威胁。然而，希腊的气候非常适合生产橄榄油和葡萄酒，也适合饲养大群山羊和绵羊，这些都可以换取海外进口的小麦和大麦。

公元前第一个千年初期，大约就在一些希腊城邦正在发展世界上最早的民主时，它们出产的粮食已无法满足日益增长的人口需求。因此，希腊人试图从地中海沿岸的其他国家来获取人民生活所必需的谷物。斯巴达、科林斯、迈加拉和它们的盟友派船舶向西获取谷物。西西里岛因埃特纳火山周围肥沃的火山土上的丰富出产而被殖民。①爱琴海周围的希腊城邦（包括繁荣的雅典）结成第二组联盟，在黑海北岸的第聂伯河和布格河（Bug）极其肥沃的山谷中，即亚欧干草原的最西端（第七章将会详述该地区），建立了殖民地。为了到达那里，希腊船只必须穿越爱琴海和黑海之间的两条非常狭窄的海峡：首先必须通过赫勒斯滂或"希腊之桥"（现在称为达达尼尔海峡），进入面积较小的马尔马拉海；然后经由更为狭窄的博斯普鲁斯海峡进入黑海。②

在海外粮仓的补给下，希腊人口越来越多，以雅典和斯巴达为首的两组城邦之间的竞争也越来越激烈。公元前431年，

---

① 埃特纳火山是欧洲最高的活火山，也是世界上最活跃的火山之一；由于非洲板块俯冲到欧亚板块下产生岩浆，所以时常喷发。

② 达达尼尔海峡不仅是地中海和黑海之间重要的海上要塞，也是欧洲与小亚细亚的战略交叉点。公元前334年，亚历山大大帝曾穿过这条海峡，向东进攻波斯。

毁灭性的伯罗奔尼撒战争终于爆发。战争持续了近 30 年，双方都渴望得到海洋控制权，但雅典最终暴露出了自身的致命弱点——依赖黑海海域的谷物输送。于是斯巴达人意识到不需要正面攻击雅典，只要切断她的生命线即可。公元前 405 年，他们集结海军兵力，等到仲夏才动手，因为这时候雅典的粮船最为集中，它们正要赶在秋天风高浪急、天空阴云密布而无法通航之前，将宝贵的粮食从黑海运回国。①斯巴达人在狭窄的赫勒斯滂海峡发动了伊哥斯波塔米战役（Battle of Aegospotami），突袭了雅典海军并将其全歼——共击沉或俘获 150 多艘船。扼守住黑海航线上这道致命咽喉之后，斯巴达人甚至无须对雅典发动最后一击——他们知道饥饿的滋味比其重装步兵手里的武器更具破坏性。雅典别无选择，只能签订不平等条款求和，放弃其余所有军舰及其海外领土。

伯罗奔尼撒战争很好地说明了海洋地理的重要性以及主要海上航线在狭窄海峡处的脆弱性。控制这种海上要塞，断绝对手的海外资源，往往与控制陆上领土一样重要，而且能左右战争的结果和文明的走向。除了达达尼尔海峡和博斯普鲁斯海峡这两处要塞，直布罗陀海峡——伊比利亚半岛和丹吉尔海岸之间的细长海域——在管控地中海和大西洋之间的海上交通方面发挥了重要作用，并成为 1805 年英国皇家海军与法国和西班牙联合舰队爆发的特拉法加战役（Battle of Trafalgar）的战场。

---

① 在航海磁罗盘发明之前，如果夜晚星星隐没，在开放海域航行就会变得十分危险。

世界上其他海峡在历史上同样起到关键作用。当欧洲水手们在 15 世纪初抵达印度洋时（先是葡萄牙人，后是西班牙人、荷兰人和英国人），他们试图统摄整个地区的要塞，从而管控这一整片海域。

我们之前讲到，数千年来，埃及与中东及印度之间的海上商路主要有两条，一条沿着红海海岸，另一条向南穿过波斯湾。两条商路都要经由狭窄的曼德海峡和霍尔木兹海峡，才能到达开阔的印度洋。而从印度到东印度群岛的各主要中转港，途中要经过马六甲海峡。对于在东南亚往返数世纪的商人而言，海洋是一片开放的公地，是一个广大的自由贸易区。港口会征收关税，海盗也屡次出没，但从没有海军在公海上骚扰外国船只。欧洲人的思维方式显然完全不同，这源于他们在地中海和北大西洋附近的海战传统。这些殖民国家倾向于主导贸易网，确立自身的垄断地位。因此，他们在主要港口建造堡垒，并派战舰巡逻水域，积极压制竞争对手。最重要的是，他们试图占领曼德海峡、霍尔木兹海峡和马六甲海峡等海上要塞，封锁海上航线，仅供自己通航，即通过扼守海上几处关键地点来掌控整个印度洋的贸易。[1]

如今，海军要塞仍然具有至关重要的战略意义。它们的地缘政治的重要性不再系于香料贸易，而在于运输另一种全球追捧的资源。石油现在占海上运输总量的将近一半，而它的持续顺利传输对当前的全球经济至关重要。

---

[1] 1611 年，荷兰人开辟了一条从南非到东印度群岛的更快捷的新通道——布劳沃航路，第八章会讲到——也是关键通道，因此他们的战略重点从马六甲海峡转移到爪哇岛和苏门答腊岛之间的巽他海峡。

黑色动脉

石油不仅为现代世界提供燃料，还可用来润滑机械、涂覆道路、制作塑料和药品，用来生产人造肥料、杀虫剂和除草剂，帮助产出人类需要的食物。全球一半以上的石油由油轮通过海上交通网运输，因此要经过天然海峡。之前讲过，自伯罗奔尼撒战争时期以来，达达尼尔海峡（或赫勒斯滂）和博斯普鲁斯海峡始终具有至关重要的战略意义。乌克兰的粮食仍然通过黑海出口，但现在每天还有 250 万桶石油装上油轮，经由这两条土耳其海峡，将俄罗斯和里海地区的化石燃料运往南欧和西欧。博斯普鲁斯海峡的宽度不到一公里，是世界上有大船通航的最窄海峡。

我们还开凿运河，建造人工要塞，这些连接海洋的运河可以缩短航线，例如巴拿马运河和苏伊士运河。当 1956 年的苏伊士危机封锁运河六个月并迫使船只重新绕道非洲南端时，整个欧洲都陷入了燃料短缺的境况。然而，目前这个阶段最具战略意义的海峡当属霍尔木兹海峡。

第九章我们会讲到地球上如何形成石油，以及为什么中东石油产量如此丰富。波斯湾的石油产量占全球石油供应量的近 1/3，伊拉克、科威特、巴林、卡塔尔和阿拉伯联合酋长国都必须通过霍尔木兹海峡出口石油；只有沙特阿拉伯和伊朗可经由其他通道进行远洋运输。因此，霍尔木兹海峡非常繁忙，油轮进进出出，每天可运输 1900 万桶石油——占全球供应量的 1/5 左右。但这也意味着这条为世界提供燃料的黑色动脉会受到海峡的巨大挟制。据统计，自 1973 年阿拉伯石油禁运至今 40 多年来，美国在海湾地区的驻军上花费了超过 7 万亿美元，以确保石油在国际市场上稳定传输。虽然海盗和恐怖袭击屡禁不绝，但最令人忧惧的却是与伊朗这样的国家关系恶化，导致他们封锁这一关键要塞，收缩对世界各地的石油供应。

波斯湾周围生产的石油中约有 10% 要经过好望角运往美国，还有较小一部分经过曼德海峡，向北穿过红海，再通过苏伊士运河进入地中海。但是大部分石油仍然沿着数千年的古老航线，穿越狭窄的马六甲海峡，绕过印度到达东亚。将近 1/4 的石油都利用海洋运输——大概每天 1600 万桶，油轮装载着油桶通过这条海峡，供应到中国和日本，以及韩国、印度尼西亚和澳大利亚。

古往今来，主要商品的性质可能发生了变化——从粮食到香料再到石油，但海洋地理所起的作用和海上要塞的战略重要性却没有丝毫减弱。在火车、汽车和飞机出现之前，正是海洋促进了长途贸易的发展。直到今天，世界上 90% 的货品仍交由海洋运输。

但海洋的作用不仅在于为长途贸易提供海上高速通道，或形成海上要塞，还在很大程度上定义了如今地缘政治的形态。接下来，我们将一起探索海洋地理如何塑造一个国家的政治和经济。

黑带

当美国殖民地于 1776 年宣布脱离英国独立，并经过长期的独立战争赢得胜利时，它的人口仍然几乎全集中在东部沿海地区。在接下来的几十年里，美国领土发生了惊人扩张，它鼓励居民向西迁移并通过一系列购买和吞并行为获得大片领土。建国后的一个世纪里，美国的国土面积翻了两番，从一个大洋延伸到另一个大洋，横跨整个美洲大陆。它实际上成了一个岛国，东面是大西洋，西面为太平洋，能同时与欧洲和亚洲通航贸易。美国能够取得经济上的成功并拥护自由理想，正是由于自身地理条件提供的这种免受外部威胁的安全感。欧陆上的国家还在拥挤的大陆上明争暗斗时，美国的领土安全性使它能在将近两个世纪的外交政策中保持孤立姿态。①

但海洋还以另一种方式在美国政治上打下了烙印，其源头要追溯到地球历史更古老的时候。

在 2016 年 11 月的美国大选中，共和党候选人唐纳德·特朗普击败了民主党竞争对手希拉里·克林顿，当选美国第 45 任总统。从投票结果分布来看，民主党的蓝色选票集中在美国东北部、西部沿海地区以及科罗拉多州、新墨西哥州、明尼苏达州和伊利诺伊州，而中部的大片地区都成为共和党的红色汪洋。东南部各州也投票支持共和党，连佛罗里达州在这次选举中也向共和党倾斜。但是，通过观察个别县的高精度投票地图，

---

① 岛国日本在 17 世纪 30 年代也经历了两个多世纪的与世隔绝。在江户时代，sakoku（"闭关锁国"）政策将大多数外国人拒之门外，也禁止日本人出国旅游或建造远洋船只。日本当时与外界的唯一联系是荷兰人经批准在长崎湾内一座小岛上开办的一家贸易站。1853 年，当美国的蒸汽军舰抵达日本首都并迫使其对外开放时，日本与外界的外交和贸易联系才重新建立。

我们可以发现一些更奇妙之处。

在东南部大片的共和党红色海洋中，有一条清晰的蓝线坚定地支持着民主党。它蜿蜒穿过北卡罗来纳州和南卡罗来纳州、佐治亚州、亚拉巴马州，然后沿着密西西比河河岸一路向南。但这条蓝线并不是最近这次总统选举的怪相，在2008年和2012年民主党人巴拉克·奥巴马当选的两次大选以及之前乔治·W.布什的大选上也都很明显。事实上，这种选票特征在内战后重建美国时就开始出现。长久以来，总统政治及选举都变幻莫测，东南部各州究竟为何坚定不移地表现出同一种特征？

令人惊讶的是，这片清晰明确的民主党投票区源于数千万年前一个古老的海洋。

如果你看到美国的地形图，就会注意蓝色投票县是沿着地球历史上晚白垩纪时期（8600万到6600万年前）形成的弧形表层岩石带。这条相对狭窄但裸露的白垩纪岩石带环绕着更老的岩石，不断深入北方内陆，其中包括阿巴拉契亚山脉的高凸浮雕，之后它被南部较新的岩层覆盖，最后消失在地下。

在白垩纪时期，气候炎热，海平面远高于现在，美国的大部分地区被洪水淹没。海洋向北一直延伸到美国中部，形成西部内陆海道（Western Interior Seaway），大陆东侧阿巴拉契亚山脉的山脚也被海水环绕。从阿巴拉契亚山脉冲刷而来、被河流带入浅海的物质，在海底沉积为黏土。随着时间的推移，这些海底黏土逐渐结成一层页岩。等到海平面再次下降，我们今天熟悉的美国轮廓才出现；由于侵蚀作用，沿海平原上一条古老的海底沉积带重新显露出来。这一条页岩基岩带碎裂而成的土壤为黑土，富含原先从山上侵蚀的营养物质。"黑带"一词最初指的就是贯穿亚拉巴马州和密西西比州的这条色彩鲜明且肥沃高产的地块。

这些源于白垩纪页岩的肥沃黑土非常适合种植作物，尤其是棉花。随着工业革命蓬勃开展，棉花加工成服装的速度也大大加快（机器可快速将棉纤维与棉籽分开，将其纺成线，然后织成精巧的布料），棉花的需求量飙升，因而成为主要经济作物。但棉花的种植属于高度劳动密集型产业。人类可以利用脱粒机的震动，方便快捷地从植物秸秆中获取谷物，而早期的棉花种植需要人类灵巧的手指从植株上采摘每朵毛茸茸的棉铃。从 18 世纪后期开始，南部各州的棉花采摘都由奴隶来完成。

到 1830 年，南卡罗来纳州和密西西比河沿岸已经确立奴隶制，到 1860 年，它又从亚拉巴马州的墨西哥湾沿岸蔓延到佐治亚州。从棉花种植园奴隶制的兴盛来看，"黑带"一词具有不同的含义，它描述了南方腹地的特定人群——密西西比河沿岸和土壤底层那条蜿蜒的白垩纪岩石带附近聚集的非裔美国人。

即使 1865 年南军在美国内战中战败，南部各州废除了奴隶制，该地区的人口统计特征或经济重点也没有立刻改变。之前的奴隶继续在那些棉花种植园工作，但现在他们可以作为自由民分成。但是，由于 20 世纪 20 年代棉铃象虫肆虐棉花种植区，棉花价格随之下跌，南部腹地的经济形势开始滑坡。数百万非裔美国人从南部各州的农村地区迁移到美国东北部和中西部的主要工业城市，特别是在 20 世纪 30 年代的大萧条之后。然而，规模最大的非裔美国人仍然居住在他们原始的聚居地区：拥有肥沃土壤的古老"黑带"。

因此，第二次世界大战后，"黑带"成为民权运动的心脏地带。1955年12月，在亚拉巴马州蒙哥马利市（Montgomery），罗莎·帕克斯（Rosa Parks）拒绝把公共汽车上的座位让给一位白人游客，在这条7500万年前蜿蜒的白垩纪岩石带上引起轩然大波。即使在今天，非裔美国人占比最高的所有郡县几乎都位于东南部这条弧线上。在许多非裔美国人迁到北部和西部后，在经济浪潮席卷其他地方数百万人之后，这些坚守的人口就像是留在原地的侵蚀残余。

由于工业或旅游业缺乏重大进展，这个以前经济发达的地区长期以来一直面临着高失业率、贫困、教育水平低和医疗保健差的社会经济问题。因此，这里的选民传统上倾向于支持民主党的政策和承诺，在总统选举地图中形成一条显眼的蓝色曲线。从目前的政治和社会经济状况，到它们扎根的古老农业体系，再回溯到我们脚下土地的地质构成，存在着一条明显的因果关系链。这一条裸露在外的远古海底泥土带，仍然铭刻在我们的政治版图上。

第五章　我们的建筑材料

谁建造了金字塔?

你可能会脱口而出:古埃及的法老。这个答案自然是对的。在 4500 多年前,肥沃的尼罗河谷中神明一般的君主们征召、安排大量人力,采集巨型石块,将其运输到吉萨高原上,修建成高耸而庞大的金字塔。其中最大的是大金字塔(Great Pyramid),建于法老胡夫(Khufu)统治期间〔或称奇阿普斯(Cheops),因为这位法老也非常著名〕,并在公元前 2560 年左右竣工。直到 1880 年科隆大教堂建成之前,它一直是世界上最高的人造建筑。

大金字塔的主体约由 250 万个石灰岩块组成,平均每块重 2.5 吨,共叠放 210 层。它们采自附近的石灰岩矿床,经陆橇运到建筑工地,然后被拖上土筑的斜坡,放置到不断增高的金字塔顶部。之后,要采用尼罗河遥远的另一边运过来的、品质更高的石灰岩,为这座锥形建筑覆一层外壳,这些石头先要紧密压合,再精心抛光。大金字塔原应在阳光下闪闪发光,但大部分外壳都已被拆除。大型花岗岩块(某些重达 80 吨)用于衬砌内室,它们的采集地更远,在大约 400 公里外河流上游的阿斯旺。

据说,大金字塔的建造耗时数十年,投入数万名熟练劳工,而他们的报酬只有面包加啤酒。他们没有铁制工具、滑轮或机轮，只有铜凿、钻头和锯。不过，尽管大金字塔的规模空前，其耗费的人力也极其惊人，但其建筑材料的性质也许同样令人赞叹。事实证明，它们是由地球上某些最简单的生物创造的。

生物岩

如果你靠近构成大金字塔主体的巨大构建模块——如今外壳已剥蚀，模块暴露在外——并仔细观察它们的表面，你会看到一种非常独特的纹理。每块石灰岩上都有几十个类似硬币的圆盘。从某些裂开的圆盘中，你可能有幸看到它们的内部结构：一种极其繁复的螺旋形，里面包含着无数小腔室。呈现在你眼前的，就是叫作有孔虫（foraminifera）的海洋生物化石。每只贝壳的宽度能达到几厘米，而最令人惊讶的是，它们竟属于单细胞有机体。人体最大的细胞是女人的卵细胞，宽度大约 1/10 毫米，肉眼刚刚能模糊看到。相比之下，构成金字塔石灰岩的海洋生物绝对是庞然大物。它们属于一种名为货币虫（意为拉丁语中的"小硬币"）的巨型有孔虫。

货币虫石灰岩不仅出现在尼罗河周围，为古代金字塔建造者提供建材，还出现在从北欧到北非，从中东到东南亚的广阔区域。这片幅员辽阔的货币虫石灰岩区在 5000 万至 4000 万年前沉入特提斯海温暖的浅水区。在始新世早期，全球气温升高的时间比我们在第三章探讨的古新世—始新世最热事件持续的时间更长，虽然温度峰值没有那么高。海平面升高导致特提斯海溢出几大股海水涌向北欧和北非。大量有孔虫生活在温暖的海水中，它们死亡后，无数硬币形碳酸钙外壳沉没并散落在海底。经年累月，它们便合在一起形成货币虫石灰岩。

这些特殊的石灰岩形态出现在许多不同的地方。在北非，这些类似硬币的独特化石从基岩中侵蚀剥离，散落在沙漠中，成为贝都因人的"沙漠美元"。在克里米亚半岛，这种有孔虫石灰岩的陡峭露头形成"死亡谷"的狭口，见证了1854年巴拉克拉瓦战役期间伤亡惨重的轻骑兵冲锋，正如阿尔弗雷德·丁尼生勋爵在诗歌中所悼念的那样。

因此，建造吉萨大金字塔的巨大岩石块大都是从贯穿欧亚大陆和非洲的整块石灰岩板上开采的。这种有孔虫石灰岩包含了无数有孔虫的壳，是一种生物岩。因此，埃及法老的原意虽然是用巨大的石灰岩块修建，但实际是由另一种生命堆积而成。这些法老的坟墓是由大型单细胞海洋生物散落的无数骨骼遗骸组成的。

金字塔是人类文明最持久的象征之一，展示了人类发挥才智、齐心协力时可以创造的成就。纵观历史，许多最恢宏的建筑都是为了供奉神明而建造的：中美洲的阶梯金字塔、桑吉佛塔和吴哥窟的寺庙建筑群，或欧洲各地的中世纪大教堂。但这些纪念性建筑与更实用的建筑——住宅、市政建筑、桥梁、港口、防御工事——所采用的建材相同。我们积极建造这些建筑物都是为了满足自身的基本需求：寻找躲避恶劣天气的庇护所。纵观历史，人类所采用的都是周遭发现的天然材料。

木材与黏土

　　世界上许多民族，特别是游牧民族，用树枝、树皮、芦苇或动物皮等建造了各种临时建筑，如棚屋、帐篷和蒙古包。当然，木材是最古老的建筑材料之一。很多不同的树种都能加工成支撑梁、柱、木板，以及覆盖板或屋顶木瓦。在金属①广泛使用前，机械构件也是木质的。榆木因其斜纹纤维不易开裂，非常适合做车轮的轮毂。山核桃木质特别坚硬，因此被用作水轮和风车驱动系统中的轮齿。松树和冷杉长得异常挺拔，非常适合做船桅。

　　黏土是建造坚固墙壁的最简单材料。美索不达米亚（两河流域）早期的城市居民生活在一个泥土的世界。虽然这是高产农业的完美环境，但该地区缺乏木材、石材和金属等自然资源，只能依赖进口。美索不达米亚的几种古代文明——苏美尔人、阿卡德人、亚述人和巴比伦人——先后用自己的剩余粮食交换黎巴嫩的雪松、波斯和安纳托利亚的大理石和花岗岩，以及西奈和阿曼的金属，弥补自己的缺憾。不过，他们的大多数建筑都是用本地出产的材料建造的。住宅和宫殿，城墙和堡垒，都由晒干的土坯砖建成。他们伟大的塔庙——用作神庙的层叠式平顶金字塔——的内部甚至也是用晒干的土坯砖砌成。更耐用的窑烧砖仅用于宫殿和金字塔的饰面，并涂覆以彩色釉质。当苏美尔人用尖笔刻画软

---

① 金属，例如青铜和后来的钢铁，一开始供不应求，只用作更为现成的结构性材料的紧固件，例如连接木梁的硬钉。工业革命以后，随着钢铁的廉价易得和零件批量加工技术的发展，金属才成为主要的结构部件，例如钢筋混凝土中的钢筋构件或桥梁和现代高层建筑中的梁。

黏土片发明文字后，泥土甚至成了一种书写材料。

　　事实上，黏土早在成为古代美索不达米亚人所使用的土坯砖和承载最早期文字的软土片之前，已经促成了人类生活的转型。通过创新性地将黏土烧制成陶器，我们打开了新世界的大门。陶土容器可以用来煮或煎食物。烹饪不仅能消除马铃薯和木薯中存在的某些植物毒素，扩大食材范围；还能分解复杂的分子，释放出更多的营养，方便人体吸收。简而言之，陶器可以进一步加工食物，使其更容易消化。黏土制成的带盖容器还可以保护储藏食品免受害虫和寄生虫的侵害，同时也更便于在旅行和贸易中携带。陶器上釉后更加防水且更为美观——烧窑之前将其浸在某些粉状矿物溶液中，这很可能是人类在冶炼铅或铜等金属的过程中偶然获得的成果。

　　事实证明，耐火黏土对人类历史的发展至关重要，不仅因为它坚硬且不透水，还因为它具有极强的耐热性。耐火砖是窑炉与熔炉炉衬的理想选择：它们能将热量封存在炉内，自身却不会受影响，因而炉内可以达到极高的温度。此前，人类使用火来驱散夜间的严寒或者烹饪食物，而陶艺使人类真正地掌握了火，让人类能从环境中收集原料并将其转化为历史上某些最有益的物质：从矿石中冶炼金属，煅烧石灰来制作砂浆，或者生产玻璃。

　　美索不达米亚人因缺乏更坚硬、耐久的材料，便选择干泥坯为建材。但在世界其他地方，我们利用的是脚下的地质条件。我们不仅将城市建在景观中——在海岸线附近、在肥沃的河谷中或在拥有矿藏的山脉附近，同时也将它们变成景观。在本章中，我们不仅会看到地球如何塑造人类，还会了解它如何为我们提供建筑用的可靠材料。文明的故事就是人类向下探索地球的构造并利用挖掘出的物料建造城市的故事。

地球上有三种主要的岩石类型，人类在古今建筑中全部用到。沉积岩是由遭侵蚀后的较古老的岩石或具有生物属性的沉积物黏结在一起形成的，例如砂岩、石灰岩和白垩岩。而花岗岩之类的火成岩则由地下深处的火山熔岩或岩浆凝固而来。当沉积岩或火成岩遭受高温和高压，例如遭受大陆碰撞或岩浆入侵时，它们的物理和化学性质都会发生变化，变成像大理岩或板岩一样的变质岩。

古埃及人是首个广泛开采天然石材并将其用于建筑的文明；他们利用了多种不同的岩石。努比亚砂岩产自埃及尼罗河两侧的悬崖，阿布辛贝的拉美西斯二世神殿和底比斯的卢克索神庙都采用这种黄褐色的岩石雕刻而成。再往北，尼罗河流淌过古老的努比亚砂岩上方的有孔虫石灰岩，我们之前讲过，吉萨的金字塔正是这种岩石建造的。在东部沙漠中，红海底部的裂谷坦露出古老的基岩，也就是形成非洲大陆地壳的基础。这里的花岗岩和片麻岩（由花岗岩变质而成）已有超过 5 亿年的历史。它们坚硬而耐用，成为埃及人珍视的、制作雕像和方尖碑的材料，还被装载上驳船，顺着尼罗河出口到地中海地区。

下面，我们来看人类历史上用到的一些最重要的岩石，以及它们是如何形成的。

石灰岩和大理岩

上面讲到，建造金字塔所用的有孔虫岩石是一种石灰岩。但它只是这种分布广泛的岩石类型的一种。在火山温泉口，随着水温的降低，温泉中沉淀析出矿物质，并迅速在地面上形成石灰岩，即碳酸钙岩。这种石灰岩被称为石灰华。例如，罗马斗兽场的主要支柱和外墙便是由提布尔（今天的蒂沃利，罗马东北部约 30 公里处的小镇）开采的石灰华建造的，这里的温泉石灰岩还被用于修建洛杉矶的盖蒂中心。

然而，大多数石灰岩不是在蒂沃利矿泉这样的陆上火山热点区形成的，而是来自海底的生物岩。欧洲和世界其他地方发现的大部分石灰岩都形成于侏罗纪时期。当时温暖的浅海淹没陆地，上龙（pliosaurs）和鱼龙（ichthyosaurs）等海洋爬行动物在这些热带海域游弋，而在海底，有孔虫等海洋生物的碳酸钙贝壳则沉淀为泥浆。在潮汐流的作用下，沙粒或贝壳碎片在海床上来回摩挲，被方解石矿物质一层层覆盖，形成叫作"鲕粒"（源自希腊语 "蛋石"）的小球。然后，这些小球与更多的方解石黏结在一起组成鲕状灰岩。

在英国，侏罗纪时期形成的一条鲕状灰岩带重新露出地面，从东约克郡开始，经过科茨沃尔德，一直延伸到多塞特海岸，几乎贯穿全国。牛津位于这条石灰岩带中间，它的很多学院都是用这种漂亮的金色石头建造的。这条倾斜的岩石带的最西南端是波特兰岛——英吉利海峡中一座突出的海角，岩石本身的硬度足以抵抗海浪的冲击。这里裸露的石灰岩可以追溯到 1.5

亿年前的侏罗纪末期。

作为一种出色的建筑材料，波特兰石的妙处不仅在于其讨喜的奶油色调。它由适量的鲕粒黏结在一起而成——极其耐用，能抵御风化和剥损，而石匠在切割和雕刻时也不甚困难。波特兰石以易切著称：它的细粒结构使其可以沿着任何方向巧妙地切割，而且它自罗马时代起就被用作建筑材料。波特兰石成为英国许多纪念性建筑或市政建筑的首选材料。其纯净的色调出现在伦敦塔、埃克塞特大教堂、大英博物馆、英格兰银行以及白金汉宫东侧（包括其著名的阳台）。在 1666 年伦敦大火之后，克里斯托弗·雷恩爵士（Sir Christopher Wren）选用它重建圣保罗大教堂以及伦敦许多其他的教堂。它也见于世界其他地方，例如纽约联合国大楼。

美国拥有自己的石灰岩矿藏。一些质量最高的岩石采自印第安纳州南部，它们大约在 3.4 亿年前的石炭纪早期便沉入地下，比波特兰石早得多。这里的石灰岩被用于帝国大厦、纽约洋基体育场、华盛顿特区国家大教堂和五角大楼的饰面。1871年的大火之后，这种石灰岩也被大量用于芝加哥的重建，与两个世纪前伦敦大火后重建城市重要地标如出一辙。

上一章讲过，地中海北部海岸线大多也是由原先沉降到特提斯海床上的石灰岩组成。现在它抬升到海浪之上，岩石本身被地下的雨水溶蚀得千疮百孔，形成了一片错综广阔的洞穴网。所以很多此类洞穴与古典神话中的地下世界相连，也许并不足为奇。例如，希腊最南端的玛尼半岛的一端是一个洞穴的入口，据传俄耳浦斯曾从这里到阴间寻找他亡妻欧律狄刻。俄耳浦斯美妙的拉琴声打动了冥王，于是他允许俄耳浦斯将欧律狄刻带回上界，但有一个条件：绝不能回头看。但俄耳浦斯一到达上界，就焦急地转过身看妻子是否跟随，因此欧律狄刻永远地消失了。

当地下的特提斯石灰岩在地中海周围的聚合板块边缘被炙烤后——由于岩浆上升侵入，或者被裹挟在板块碰撞造山活动（例如阿尔卑斯山）中——就变质为大理岩。这是希腊和罗马的古典雕塑、纪念碑以及宏伟的公共建筑的专用石材。世界上某些最珍贵的大理岩仍然产自托斯卡纳北部的卡拉拉市附近。这里的阿普安阿尔卑斯山脉（Apuan Alps）拥有几座纯白色石山，自古罗马时代以来，它们就被用作建筑材料，建造了万神殿和图拉真柱等。卡拉拉大理石也是文艺复兴时期雕塑家的最爱：米开朗琪罗正是用它雕出了世界上最著名的雕像——《大卫》。它还出口到世界各地，化身为一些最具标志性的地标：伦敦的大理石拱门、华盛顿特区的和平纪念碑、马尼拉大教堂、阿布扎比的谢赫扎耶德清真寺和德里的阿克萨达姆神庙。

出口到世界各地的不仅是实实在在的建筑材料，从文艺复兴到巴洛克，再到18世纪中叶的新古典主义时期，古代那些有特色的建筑构件——从圆柱到女像柱，从山墙到壁柱——在欧洲流传了几个世纪。初生的美利坚合众国以极大的热情接受了这些建筑特征。在脱离英国独立后，这个新国家还借助西方历史上最强大的共和国（古罗马共和国）发展的一些政治结构，建立了自己的政府制度——联邦共和国。与此同时，美国许多主要的公共和市政建筑都仿效了古代风格。但它们没有采用古代特提斯海中的石灰岩和大理岩，而是利用美国这个年轻的国家中开采的岩石，复制出了同样恢宏的风格、同样纯净的色调。[1]

白垩岩与燧石

　　白垩岩也是一种石灰岩，虽然乍一看它与石灰岩毫无相似之处。白垩岩几乎遍布每个大陆，是白垩纪地球历史的独特标志。事实上，地球这一历史时期的名字就来自拉丁语中的白垩：creta。

　　英格兰南部的大部分地区都埋有厚厚的一层白垩岩。它是怀特岛山脊附近的地表露头，向东延伸成为南北唐斯丘陵（North and South Downs）的山脊，而后藏于伦敦下方，在那里形成碗形结构，上覆多层黏土。索尔兹伯里平原的平坦白垩区有着北欧早期人类居住地令人印象最深刻的丰碑之一——公元前 3000 年左右出现的巨石阵。虽然主环中巨大的砂岩残块由砂岩构成，但建造者似乎是被燧石吸引到这个区域来的，这些燧石取自白

---

[1] 美国第三任总统托马斯·杰斐逊不仅参与起草了《独立宣言》，还参与设计了新国家的一些建筑。例如，他模仿公元前一世纪的罗马神庙——尼姆的方形神殿（Maison Carrée），设计了弗吉尼亚州议会大厦（反过来影响了全国其他州议会大厦的设计），而在弗吉尼亚大学图书馆的设计上，他借鉴了罗马万神殿的圆形大厅和穹顶。新古典主义风格可能在 1790 年成立的一座城市中最为突出，它就是波托马克河畔的新国家首都——华盛顿特区。美国国会大厦（国会所在地）、赫伯特·C.胡佛大厦（美国商务部总部）、财政大楼和华盛顿特区市政厅都是新古典主义风格的恢宏典范。白宫是一位爱尔兰建筑师根据都柏林的伦斯特官（Leinster House）设计的，后者随后成为爱尔兰的国会所在地，而且它本身就承袭了古代的建筑特色。

垩景观，可用于制作刀具和箭头等工具。这一地质带中还有其他建造得不那么艰辛但同样引人注目的历史遗迹。几千年来，人类一直在探索这种景观的艺术潜力：或刮掉覆盖在多孔白垩岩上的薄草皮，露出下面亮白色的岩石；或在地面开凿沟渠，并用白垩岩碎块进行填充。人们还在山坡上制作数英里之外都能看到的白垩岩雕塑，包括造于青铜时代、轮廓极具风格的牛津郡优芬顿白马（Uffington White Horse），和大约公元一世纪在多塞特郡建造的带有生殖崇拜的塞那阿巴斯巨人像（Cerne Abbas Giant）。

　　白垩层在南部海岸最为清晰，那里有引人注目的多佛白崖。之后，它穿过英吉利海峡下方到达法国，形成几乎一模一样的白色悬崖，并为香槟、夏布利和桑塞尔等法国葡萄酒产区提供了风土条件。福克斯通和加来之间运载高铁的英吉利海峡隧道也穿过了 50 公里的白垩泥灰岩层，即一片质软但不透水的泥浆沉积物。我们在第二章中讲过，过去英国与欧洲大陆有一条白垩陆桥，但在一场洪灾中被冲垮了。

　　有些岩石中含有保存良好的化石。例如，在英格兰西南部的侏罗纪海岸，拥有 1.9 亿年历史的泥岩被海水严重侵蚀，你可以沿着被侵蚀的崖面散步，寻找螺旋状的菊石、子弹形的箭石或阳遂足化石，度过愉快的一天。然而，大片白垩层一般不含有化石；相反，它们本身就是化石。多佛白崖就是一块高达 100 米、裸露在外的生物岩石板。

　　如果你在显微镜下观察一块白垩岩，那些直径约一毫米的较大化石就是多腔的有孔虫外壳 ——与建造大金字塔的石灰岩中包含的大有孔虫化石是同一种单细胞海洋生物。白垩岩整体是由看起来非常精细的白色粉末构成的。然而，用高倍电子显微镜放大这些粉状颗粒，你会发现即使这些颗粒也具有生物外壳那般错综复杂的细节。这些颗粒形状多种多样，但最独特的也许要属极小的球体碎片，看起来像叠在一起的螺纹餐盘。它们是颗石藻类（在有阳光的地表水中生活的浮游生物里发现的微小单细胞藻类）的迷你盔甲。

这些巨大的白垩岩层形成于白垩纪晚期，大约在 1 亿至 6600 万年前。当时，世界各地的海平面都非常高，比现在高约 300 米。如今干燥的大陆地块一半都淹没在水下。特提斯海海面上升，淹没了欧洲和西南亚的大部分地区，同时还延伸出巨大的支系，在北美洲中部和北非形成宽阔的航道。

当时海平面升高不仅是因为白垩纪晚期气候闷热，极地无法形成冰盖——地球历史上大部分时期都是如此，还由于当时大陆分裂，地质活动极其频繁。在 2 亿年前的二叠纪晚期，当世界上大片陆地融合成庞大的超大陆时，全球海平面是过去 5 亿年来的最低水平之一。当大陆相互碰撞并融合时，巨大的山脉隆起，意味着更多的大陆块从海洋中抬升。但在盘古大陆随后的分解中，条条裂缝撕裂了这块超大陆。起初，劳亚古大陆脱离冈瓦那大陆向北移动，盘古大陆大致从中间分裂开。后来，南大西洋和北大西洋海底形成了新的扩散裂缝，分别造成非洲和南美洲、北美洲和欧亚大陆的分离。这些长长的裂缝中又冒出新的、炽热的洋壳，形成了大片海底山脉，排开了周围的海水——就像你进到浴缸里一样。正是这种地质活动导致白垩纪晚期的海平面抬升到顶点。温暖的海水覆盖着广袤的大陆，为有孔虫和颗石藻的繁荣提供了有利条件；它们小小的外壳在海床上堆积，形成厚厚的钙质沉积物，而后者逐渐结成了白垩岩。

与石灰岩不同，质软且易碎的白垩岩通常不算是良好的建筑材料。但粉碎后撒在农田上确实有助于降低土壤酸度，还能制成生石灰用于水泥生产、参与各种化学过程。砖可以由模压的黏土块烤制，但要成为坚固的墙壁，它们还需要紧实地黏结在一起。于是我们学会了综合使用石灰岩和白垩岩。这些碳酸钙岩石在窑中被压碎、烘烤，发生化学分解（在该过程中释放二氧化碳），之后与水混合制成石灰膏。这样一来，石灰岩不仅为我们提供建材，还能将其他材料胶结在一起。砂浆、水泥和混凝土从根本上说都是人造岩石，可以铺设或浇筑成任何想要的形式，且凝固后均坚硬如石。

白垩岩还包含燧石结核层。燧石不同于质软、亮白，几乎纯粹为碳酸钙的白垩岩，而是坚硬的深色二氧化硅岩块。虽然有孔虫和颗石藻的外壳为碳酸钙质，但硅藻和放射虫等其他单细胞浮游生物却拥有硅质外壳。这些生物死亡后，它们的硅质外壳便散落到海底并逐渐分解，产生硅质软泥，然后在白垩沉积物中形成燧石结核。

随着疏软的白垩岩逐渐风化，坚硬的燧石结核显露出来，但仍点缀在整个地层中。在石器时代，燧石对工具制造无比重要。我们在第一章讲过，在东非大裂谷——人类的摇篮中，许多最早的器具都由火山黑曜石打造，而燧石也可以被敲打出非常锋利的边缘或端点，极其适合猎杀、剥皮和刮磨兽皮制作衣服，或切削木材，或制作刀具、矛头和箭头。从那以后，燧石一直发挥着重要作用。制造玻璃需要高纯度的二氧化硅，而它的来源正是燧石。例如，1674 年，乔治·拉文斯克罗夫特（George Ravenscroft）使用英格兰东南部的燧石制作铅水晶玻璃器皿。[①]这种泛着光泽的玻璃是为了与威尼斯的玻璃相媲美，那里的工匠从瑞士阿尔卑斯山流出的提契诺河的河床上采集白石英鹅卵石而获得二氧化硅。

火与石灰岩

截至目前，我们已经探索了石灰岩和白垩岩等岩石如何定义景观，如何以砌筑块的形式成为建材，并成为砂浆、水泥和混凝土的原料。这些材料建成的建筑使人类免受恶劣天气影响，但这种生物岩石的形成过程本身可能也有助于保护地球上的生命免受灾难性的大规模物种灭绝的威胁。

地球生命史上最大的断层之一发生在 2.52 亿年前的二叠纪和三叠纪之交。在二叠纪末期，世界上所有的陆地融合成了盘古超大陆，而那次全球灭绝事件是地球上出现复杂生命后的 5 亿年中发生的最严重的大灭绝。据化石记录显示，那场大灾难造成大约 70% 的陆地物种和高达 96% 的海洋物种灭绝，生物多

---

① "水晶玻璃"其实是一种误称——玻璃的非晶体原子结构与水晶的严格规律性重复结构在许多方面都相反。

样性经过将近 1000 万年才得以恢复。这种全球生物大清洗事件也标志着地球上特有生命形式的根本转变："老年"时代（古生代）让位于"中年"时代（中生代）——一个由恐龙和裸子针叶树木主导的时代。①

一般认为，二叠纪—三叠纪灭绝事件是因为岩浆大量喷涌。几次大规模的火山爆发共喷出大约 500 万立方千米的流动熔岩，流淌数百公里，炽热的熔岩海覆盖了大片陆地，冷却后形成大片玄武岩。②当熔岩一遍遍流经这些地区，玄武岩便一层层地堆积起来。如今西伯利亚暗色岩（Siberian Traps）的大片山地高原就是例证：数百层岩石叠在一起，就像一座楼梯，因而用荷兰语中的"楼梯"（trap）命名。③

如此大规模的火山爆发会向空气中排放巨量的二氧化碳。此外，地质学家认为形成西伯利亚暗色岩的岩浆可能会因为另外两种因素被火山气体增压。人们认为，当地幔羽流从西伯利亚下方的地球内部深处升起时，它熔化了一些先前俯冲到陆块之下的古代洋壳。这种循环再生的洋壳富含挥发性化合物，因此在加热时会释放出大量的气体。同时，这些溢流玄武岩在通过上层地壳来到地面的路上，遇到了煤层等地层，它们在岩浆

---

① 同样，6500 万年前白垩纪末期的大规模物种灭绝结束了中生代，迎来了"新生命"时代（新生代）。这就是我们生存的世界，由第三章讲到的哺乳动物和开花被子植物主导。

② 相比之下，上个千年中最大的火山爆发，即 1815 年的坦博拉火山喷发，仅喷涌出 30 立方千米熔岩——仅占之前的 1/160000。

③ 英语中也讲得通；"trap"原指通向楼梯的活板门。

的高温炙烤下，释放出更多的气体。

因此，西伯利亚暗色岩在形成之初很可能没有发生我们今天所熟悉的任何火山爆发，而是见证了地球内部喷出的大量气体。这些气体喷涌释放的大量二氧化碳产生了强大的温室效应。地表温度迅速上升，而更深的海域却开始缺氧，使海底的生物窒息。其他有毒的火山气体，例如氯化氢和二氧化硫，也可能进入高处的平流层中。氯化氢的排放会严重消耗臭氧层，使阳光中的有害紫外线到达地球表面。二氧化硫的部分作用是阻挡阳光，妨害进行光合作用的生命及其他相关的生命形式，然后再以酸雨的形式从大气中排出。

正是二叠纪末期出现的多次气体喷泻事件使得地球上的生态系统迅速崩溃，并引发了地球复杂生命历史上最大规模的物种灭绝。而且这种现象并不仅限于二叠纪：据说在大约2亿年前，三叠纪和侏罗纪之间发生的另一次溢流玄武岩事件也造成了大规模物种灭绝，为恐龙主导陆地铺平了道路。

但后来发生的事情很怪异。自二叠纪—三叠纪灭绝事件以来，还发生过几次大型溢流玄武岩事件，但它们似乎都没有导致类似的大规模灭绝。地球一定有些地方发生了改变，对此类超级火山爆发的潜在灾难性影响有了更高的复原能力。[1]

大约6000万年至5500万年前，随着北美洲与欧亚大陆分离，

---

[1] 白垩纪末的大规模物种灭绝——恐龙以及四分之三的海洋物种灭亡——与印度德干暗色岩形成的时间吻合。它发生在6600万年前，因为次大陆向北滑行最终撞上欧亚大陆，在冒出水面时蹿出一股岩浆柱。与此同时，一颗直径10公里的小行星或彗星撞击墨西哥湾，对地球生命发出了最后一击。

盘古大陆彻底分崩离析，当时的两次大型岩浆倾泻事件形成了北大西洋火成岩区。凝固后的玄武岩由于北大西洋的开裂而被分为两半——北爱尔兰巨人堤道（Giant's Causeway）的独特几何形岩柱和格陵兰东部类似的岩石区。这两次火山喷发的熔岩也许比二叠纪大灭绝事件形成的西伯利亚暗色岩还要多。像二叠纪的洪流玄武岩一样，形成北大西洋火成岩区的岩浆也流经了地表附近的挥发性沉积岩。于是，在火山熔岩本身释放的二氧化碳之外，炙烤上述沉积岩又释放出大量二氧化碳。

但这些喷发并没有导致大规模灭绝事件。地球的气候确实受到了影响，第三章讲到的古新世—始新世最热事件正好发生在 5500 万年前的第二阶段。在这次温度峰值期间，虽然少数深海生物灭绝了，但似乎刺激着如今占主导地位的三大哺乳动物——偶蹄动物、奇蹄动物和灵长类动物——的快速演化。

那么，侏罗纪以后地球为什么更容易从大型洪流玄武岩造成的大规模灭绝事件中复原？

其中一个重要原因还是盘古超大陆的分裂。总体来说，超大陆更难清除空气中的二氧化碳。远离海洋的大面积内陆地区降雨量极少，气候非常干燥。这意味着侵蚀岩石带走的二氧化碳更少，能将沉积物和营养物质带入海洋滋养浮游生物的河流也更少，从而也抑制了吸收二氧化碳的生物机制。因此，在过去的 6000 万年中，自盘古超大陆最终解体以来，地球可以更有效地清除大型火山喷发释放到大气中的二氧化碳。但原因又不全在于此。通过地质机制降低大气中的二氧化碳——例如山脉侵蚀，作用非常缓慢。所以，大型火成岩区的火山喷发所带来的二氧化碳水平突然升高，仍会导致大规模灭绝，因为岩石的侵蚀作用需要很长时间才能把二氧化碳的水平降低。关键的因素似乎在于生物的转变。

在大约 1.3 亿年前的白垩纪早期，颗石藻从大陆架的浅水区向外扩散，成为开放海域的浮游生物。大约在同一时间，钙质壳有孔虫也从深海底栖息地扩散到海洋表层水域。这说明钙质壳浮游生物分布在整个开放海域，而不仅是大陆周围较浅的水域。颗石藻和有孔虫这类浮游生物死后，身上的钙质壳纷纷落到海底，形成一种新的沉积物，在海洋深处（而不仅是大陆架上）结成石灰岩。就这样，海洋生物更有效地去除了大气中的二氧化碳，并将其锁在深海底的生物岩石中。此后，地球上的二氧化碳水平一直在稳步降低。

现在，即使洪流玄武岩事件再突然释放大量二氧化碳，海洋中形成石灰岩的浮游生物也能够迅速将它们清除，比任何地质过程都要快。因此，自白垩纪早期以来，地球形成了一种强大的补偿机制，可以迅速降低火山喷发导致的二氧化碳骤升，不会出现温度过高和大规模生物灭绝的现象。5500 万年前，当古新世—始新世最热事件将二氧化碳水平和全球气温抬升到灾难边缘时，是浮游生物拯救了地球上的生命。

因此，多佛白崖的生物岩石和联合国大楼的石灰岩立面都提醒着我们地球内部的深层联系，正是这些联系经年累月地创造了我们今天所居住的世界。

板块构造的汗液

花岗岩是大陆最常见的岩石类型。我们之前讲过，洋壳是由海底裂缝中新渗出的岩浆冷凝而成的玄武岩构成的。而花岗岩则是在构造板块相互挤压的聚合边界上形成的。

当洋壳向下俯冲到 50 公里至 100 公里的深度时，其载水岩石一边承受着极高的压力和温度，一边在下降过程中摩擦受热，最终熔化。熔岩爬升到上面的地壳并汇集到地下巨大的岩浆库中。它在这里开始冷却，当混合物（即熔点最高的矿物）中结晶并沉淀下第一批矿物质时，这些熔岩的化学成分会慢慢变化。早期形成的矿物质中硅石（二氧化硅）含量低，这意味着剩余的熔岩中这种物质越来越丰富。大陆碰撞时还会形成花岗质岩浆，而且在碰撞隆起的高山下，地壳会增厚，最底部的地壳部分熔化成岩浆，并顺着上面的地壳再次攀升。这种富含二氧化硅的岩浆冷却并凝固后，会在地下形成庞大的花岗岩，通常位于上方同种聚合构造形成的山脉的核心。因此，花岗岩是板块构造的汗液。

由于花岗岩经过了地壳的再熔化和化学加工，它的密度应该低于玄武岩。因此，在板块构造的反复冲撞中，花岗岩总是爬升到较重的海洋玄武岩之上，而不是俯冲到它下面——它们留存并聚集在一起，构成陆壳的基础。作为大陆的基础，花岗岩位于沉积岩层之下，只有当周围较软的地面被侵蚀后，它们才会暴露在地表。

我们前面讲过，群山刚刚拔地而起拥抱天空，就开始体会地球企图将它们侵蚀干净的严酷力量。冻融循环的热胀冷缩使岩石分裂并粉碎；奔流而下的河水侵蚀出巨大的山谷体系；猛烈的冰川抹除山峰，裹挟并磋磨山脉自身的碎片，将其进一步碾碎。但随着山脉被侵蚀，将厚厚的地壳"根部"压入浓稠的地幔中的重量减少，地壳向上浮动了一点。因此，不断消磨的山峰被无情地送回侵蚀作用的磨刀之下，就像一块木头不断被木匠推入旋转的砂盘中磨切一样。最终，即使最强大的山脉也会在地球漫长的历史中被一点一滴消解；最终，山脉将被磨损到只剩基础部分，露出内部坚硬的花岗岩内核。

因此，当你站上一根花岗岩柱，你就踏上了一座远古山脉的中心。在形成时期，这块花岗岩上面至少叠着 10 公里厚的岩石，但经过 1 亿年或更久的侵蚀，现已不复存在。达特穆尔的岩石山（tors of Dartmoor）、优胜美地国家公园的酋长岩（El Capitan）、里约热内卢的糖面包山（Sugarloaf Mountain）和智利的青塔国家公园（Towers of Paine）都经历了相同的形成与侵蚀过程。

花岗岩坚实耐用、纹理粗糙，因为随着熔岩在地下深处缓慢冷却，大晶体结构逐渐生成并发育起来。由于花岗岩集坚固性与耐久性于一身，为整个人类历史留下了多座宏伟的纪念碑。世界上最著名的花岗岩作品可能要属南达科他州的拉什莫尔山。这块花岗岩形成于 16 亿年前，20 世纪 30 年代，人们将华盛顿、杰斐逊、（西奥多）罗斯福和林肯这四位美国总统的面孔刻入其采光条件最好的东南侧。（该项目最初的构想是雕刻总统的半身像，但资金不足。）这面雕塑所在的花岗岩非常耐磨，每千年仅损耗 2.5

毫米——它将在很长时间内成为美国理想不变的象征。事实上，设计师已经考虑到了磨损情况，因而特意将总统的面部雕深了几英寸，经过三万年的磨损后恰好达到理想的形态。

在古代，埃及人精通花岗岩作业。他们从上游尼罗河河谷的努比亚采石场（今苏丹北部）获取石材，并将它们雕成最耐久的石柱、石棺和方尖碑，如现在藏于伦敦、巴黎和纽约的"克利奥帕特拉方尖碑"（这是一个误称，因为它们是在克利奥帕特拉统治前 1000 多年制造的）。[①]

通过重新发现古埃及纪念碑并观看大英博物馆的相关展品，19 世纪早期的欧洲石匠受到激发，试图赶超古埃及人的作品，但只在阿伯丁地区开始运用蒸汽动力机械切割、雕琢花岗岩后才取得成功。英国大部分花岗岩都采自阿伯丁，那里的花岗岩形成于 4.7 亿年前的格兰扁山脉之下——如此久远的时间，足够侵蚀耗尽上层数千米厚的岩石，露出花岗岩内核。

然而，即使是坚固耐久的花岗岩也不免会受到恶劣气候的影响。由于它可与水缓慢地作用，发生化学分解，所以会产生一种几乎神奇的变化。石英晶体变成沙粒脱落，原始花岗岩中的另一种矿物成分——长石，经化学作用变为高岭土，即一种黏土。水滤去分解的花岗岩中的其他杂质，只留下细小、松散的颗粒，形成这种最纯净的雪白色黏土。当深层花岗岩被慢慢磨蚀出地表，暴露在恶劣天气中，或仍处于地下但其自身的热

---

① 事实上，克利奥帕特拉生活的时代距苹果手机风靡的现代世界和巴黎罗浮宫博物馆的玻璃金字塔更近，距古代的吉萨大金字塔反倒远些。

量足够驱动地下裂缝中的热液系统时，就会产生这种物质。[①]

高岭土不仅颜色纯净雪白，其粉片状的微粒质地也非常软，可塑性极高。这种黏土经过高温烧制，可变为极其坚固且半透明的陶器。因此，高岭土是制作最精致的陶器——瓷的原料。

瓷器最早出现于 1500 年前的中国，并在公元 9 世纪传入伊斯兰世界。后来瓷器传入欧洲，因而英文名为：fine china。为了获得精巧的美感和近乎空灵的透明度，瓷花瓶、水壶、碗和茶具质地极薄，但经过高温烧制后同样非常坚固。正是这一点使瓷器的价值远远高出其他黏土器件——土器或石器即便涂彩色釉也仍是不透明的浊色。

英国陶工为了造出瓷器，将屠宰场得来的骨头磨细成灰，加入材料中。烧成的骨瓷虽然呈现白色，但质地仍不如瓷器。最后，他们终于发现了高岭土这种秘密成分，在 18 世纪的最后几年中，英国的斯托克城（Stoke-on-Trent）首次实现了成

---

① 世界上几乎所有沙滩和沙漠中的沙子都是这样形成的。石英是我们今天制造玻璃的基础材料，还能经过提纯，制作用于微芯片和太阳能板的高纯度硅片。石英在地球早期并不存在——它是经过数亿年的板块构造作用才出现的。我们之前讲过，地壳在聚合边界会熔化并形成巨大的岩浆库。随着岩浆在这些巨大的"坩埚"中冷却形成第一批矿物，剩余岩浆中二氧化硅的比例会越来越高，然后结晶成花岗岩。虽然深层地幔最初只含有46％的二氧化硅，但岩浆分层后产生的花岗岩却含有将近72％的二氧化硅，足以形成石英晶体（纯二氧化硅）。这样看来，地球上的板块构造运动就像一个化学加工厂，能够逐渐净化二氧化硅，为人类发展技术所用。补充一句，这意味着如果那些类似地球的、围绕其他恒星运动的行星没有板块构造，那么它们可能会有温暖的海洋，但不会有沙滩。

功的商业生产。该地区拥有丰富的煤炭供给陶窑，而斯塔福德郡的陶器最初利用当地煤层之间沉积的黏土，将它们烧成建筑用砖、地砖或巨大的陶罐（盛上黄油用驮马运送到伦敦）。随着精美骨瓷生产技术的发展，斯托克城成为欧洲领先的骨瓷生产中心。然而，尽管斯托克陶窑附近有大量的煤炭，可供蒸汽机打碎、混合原材料并驱动陶工的轮组，但至关重要的高岭土却必须从康沃尔进口。康沃尔与阿伯丁一样拥有裸露的花岗岩地层，但这里的岩石已被热液变成柔软的白色高岭土。在工业革命早期，挖掘长运河网络的主要动因之一就是将康沃尔高岭土送到斯托克的陶窑，并将精美的成品瓷运到英国各地。[1]

于是，花岗岩就像在板块构造的严酷压力与热量作用下缓慢冷却的汗液，既赋予纪念性建筑以坚固耐久性，又被转化为最精致纤弱的物质之一——瓷器。

我们脚下的土地

在本章前面，我们了解到古埃及人和美索不达米亚人如何利用他们脚下土地所赋予的建筑材料来建造自己的文明。从最

---

[1] 如今，康沃尔一个古老的高岭土矿场被规划为伊甸园工程（Eden Project）。这个生态旅游中心拥有多座充气的塑料泡单元构成的圆顶建筑。它们是新型温室，容纳了热带和地中海生物群落，点缀在火山口般的矿坑内，看起来就像科幻小说中的火星殖民地。

古老的文明到现代社会，人们一向如此。下面我们将探讨这个通常不可见的地下世界如何反映在英国各地的建筑物外观上。这是世界上第一幅全国性地质图。①

　　英国的地质尤为多样化，几乎囊括了过去 30 亿年地球历史上所有时期的岩层。随着时间的推移，构造变化和侵蚀作用使这些不同的岩层呈复杂的条带状在英国各地重见天日。这些岩石的年龄大致从北到南递减，苏格兰高地的岩石最古老，东南部的岩石则形成于过去 6500 万年间，年龄最轻。神奇的是，英国历史上的建筑特征总体上反映了当地的地质情况。我们注意到，阿伯丁的城市建筑和达特穆尔周围的农舍使用的是黑色花岗岩，爱丁堡和约克郡使用的是浅黄色石炭纪砂岩，科茨沃尔德（Cotswolds）村庄使用的是金色侏罗纪石灰岩，而伦敦及周边建筑的砖和屋顶瓦片使用的是暖棕色黏土。我们其实不过挖出了脚下的地层，将其砌成了墙体；地质学家只消看一眼传统建筑的照片，就可以准确猜出它位于英国的哪一地区。

　　如果当地没有合适的石材，就必须尽可能利用好现有的材料。白垩不算很好的建材——它质软而易碎，且易受风化作用侵蚀。然而，有时候会出现一种硬白垩（clunch），以不规则的碎石或切割成块的形式铺设在道路中，例如在东安格利亚以

---

① 在萨默塞特为煤矿和运河选址时，检验员威廉·史密斯（William Smith）意识到，地下不同的岩层总以相同顺序出现，且可以通过它们所含的化石来识别。于是他遍访英国各地，调查了天然悬崖和工业革命留下的采石场、运河和铁路路堑所裸露的岩层，最终于 1815 年绘制成英国地质图，标明了地表附近的不同岩层。

及诺曼底地区。但一般来说，在白垩纪景观中，必须要找到替代品。萨福克郡和诺福克郡白垩岩区的许多小屋都是木结构建筑，木结构中镶有抹灰篱笆墙（一道树枝编的篱笆，上有湿土和稻草覆盖），然后用白垩制成的溶液粉刷。这些木结构非常坚固，如果防潮得当，足可以用上数百年。由于白垩区制作屋顶瓦片的材料也十分稀少，这种地质区的传统建筑物都选用芦苇或小麦收割后的长秸秆覆顶。因此，这种带茅草屋顶的木建筑虽已成为典型的英国乡村形象，但它实际上反映了当地缺乏合适的建筑石材这一地质情况。

　　这些特殊的建筑风格在工业革命中逐渐趋于同质化。在不断发展的城市中，砖块大量产出，用于建造磨坊、工厂和工人住宅，并沿着运河和铁路运输到远方。威尔士北部的斯诺登尼亚（Snowdonia）周围拥有 5 亿年历史的寒武纪岩石中出产的板岩，开始被全国各地用作屋顶材料。板岩是一种细粒岩石，最早属于海底泥岩，然后在板块构造活动中被挤压变形。岩石中的所有颗粒都被强力挤到一块平面上，因此用凿子巧妙地敲击便可以将其分成极其平整的薄板——非常适合用作屋顶瓦片。威尔士板岩支撑着整个 19 世纪不断扩大的工业城市，直到今天，寒武纪时期这些薄薄的石板仍然遍布整个英国。

　　纵观历史，世界不同地区的岩石不仅为人类的建筑项目提供了原材料，深层的地质情况还决定了现代城市的发展方式。

　　如果你曾去过曼哈顿，或现在用谷歌地图搜索，你会发现那里有两大块高耸的摩天大楼区：岛屿南端的市中心金融区高楼群；以及中城区的克莱斯勒大厦、帝国大厦和洛克菲勒中心。

在这两个超高层建筑群之间铺展开的是低层建筑。20世纪60年代后期，一位地质学家首次提出这种建筑物的分布与街道下方看不见的地层相呼应。

许多叫作片岩的深色硬质变质岩块——泥土或黏土经过地下深处的破坏性高温转化而来——祖露在整座城市中；午餐时刻嚼着三明治的纽约人可能就坐在中央公园的一块片岩上。纽约的片岩形成于美国东部的庞大群山之下，山体从拉布拉多海岸一直延伸到得克萨斯州、墨西哥东部以及苏格兰（在北大西洋裂开之前）。这条格林维尔山系（Grenville）沿着比盘古大陆更古老的罗迪尼亚超大陆（Rodinia）的中部延伸。大约10亿年前，劳亚大陆与另外两个大陆板块碰撞融合，形成格林维尔山系。又经过了极漫长的岁月，大陆分裂并重新组合成了不同版图，缓慢持续的侵蚀作用也几乎将这条山系消磨殆尽，如今只有基底留存。

在纽约，片岩位于向斜构造中，这种凹槽状地下结构使片岩层接近曼哈顿南端的地表以及中城区。这种坚硬的变质基岩是承受摩天大楼重量的完美基础。但片岩向斜层的凹处盛着较软的、支撑力较弱的岩石，不适合建造大体量高楼。摩天大楼的分布还受社会经济因素的影响，例如，曼哈顿的成熟商业中心会进一步发展，但整体而言，建筑的空中轮廓线与下面的地质情况走势一致：最高的建筑之下是最坚固的片岩。由此，这座无形的地下世界（一座远古山脉消磨殆尽的基底）反映在商业区高耸的摩天大楼上：这些楼宇不是为了祭拜神灵，而是资本主义的纪念碑。

　　伦敦在某些方面与曼哈顿相反。它是一座沿河而建的城市，而不是两条河流环绕的岛屿。但两座城市的地质环境类似。楔形的伦敦盆地位于向斜构造的底部，岩层向下屈曲成凹槽——同样的构造力量向上凸起成阿尔卑斯山脉。伦敦盆地其实属于维尔德—阿图瓦背斜构造隆起形成的褶皱岩层，第二章中多佛和加来之间的陆桥也是因此而来。曼哈顿的向斜构造使坚硬的变质岩接近市中心和中城区的地表，而伦敦城区及整个下游泰晤士河谷则沿着向斜凹槽的岩层展开。大约 5500 万年前，一片温暖的浅海注入这个低凹的洼地，带来了一层黏土。

　　伦敦的黏土层绝对不适合建造现代的超高建筑。因为城市下方这片厚厚的软膏状黏土层，伦敦的摩天大楼极其罕见，与纽约迥然不同。伦敦的碎片大厦或金丝雀码头的加拿大广场一号下面不得不垫填深厚的基础，以支撑其重量。不过，厚厚的黏土层非常适合挖掘隧道：因其质软易钻透，且稳定不透水。

　　1863 年，伦敦修建了世界上第一条地铁线路，如今已发展成总长度超 400 公里、拥有 270 座地铁站（尽管不全在地下）的地下交通网。伦敦北部地铁网络发达，但南部线路稀少，也与地下情况有关。在泰晤士河以南，黏土层位于交通网之下，所以必须在更坚实的砂卵石层钻探线路。该黏土层也导致伦敦地铁环境无比闷热。但地下洞穴一般都阴凉清爽，伦敦地铁算是其中的特例。其实，最初挖掘隧道时，黏土的温度大概只有 14℃，因此早期的广告宣传说地铁是炎热夏季的清凉去处。然而经过一个多世纪，地铁的发动机和刹车——以及数百万乘客——散发的热量已全部被隧道的四壁吸收。厚实的黏土保温隔热性良好，所以这股热量便挥散不去。

因此，从美索不达米亚平原上晒干的黏土砖建成世界上第一批真正的城市开始，地下的黏土继续引导着现代大都市的发展，例如伦敦巨大的地下交通网与纽约高耸的摩天大楼之间的鲜明对比。

了解了我们脚下的地质条件如何提供建造文明和城市的天然原料，我们接下来讲述如何从岩石中提取原料，发展出改造世界的工具和技术。

第六章　我们的金属世界

前文中，我们看到人类如何制作最早的工具：或敲击硅质岩、黑曜石及燧石来制作石器，或用木材、骨头、皮革和植物纤维制作相应的器具。随着人类历经旧石器时代、中石器时代和新石器时代（旧、中、新三个石器时代），工具制作技艺不断提升，粗糙厚实的手持刀具和刮具逐渐演化为适用于矛头和箭头的小型锋利石片。然而，青铜器时代的开始标志着人类历史的重大变革：我们的工具不再是对周围环境中自然材料的简单打磨，而是有目的地改造原材料，从原矿石中提取闪亮的金属，然后通过锻造和浇铸，制成合金混合物。此外，技术创新的速度随着时间推移不断提高。从古人类制作石器到现代人冶炼第一块铜，中间相隔300万年，而从铁器时代到太空飞行只花了3000年。

金属之所以能引发人类历史上如此深刻的变革，是因为它们具有许多其他材料所没有的特性。它们极其坚硬，但又不像陶瓷或玻璃那般易碎，而是具有柔韧抗摔性。在最近的技术发展中，它们能用来导电并耐受高性能机械所产生的超高温度。过去的几十年里，我们又开始利用各种不同的金属来制作最新的技术设备，尤其是现代电子设备。

本章中，我们将探讨金属如何引领人类社会从青铜时代走向网络时代，以及地球如何为人类提供金属。

进入青铜时代

人类为制作工具和武器而冶炼的第一种金属是铜。铜矿石通常很显眼，含有引人注目的蓝色或绿色矿物；并且它易于冶炼，将铜矿石与木炭置于烧制陶器的同一种窑中焙烧即可。木炭燃烧既提供了所需的高温，又降低了矿石中的化学成分，从而将金属从各类氧化物、硫化物或碳酸盐中剥离，留下纯铜。

纯铜的问题在于它质地非常柔软：纯铜工具的边缘很容易变钝，必须经常打磨。而将铜与另一种金属混合制成的合金——青铜，则是一种更优质的材料。当较大的原子夹杂在铜原子中间时，金属铜便不再柔韧，它们会阻塞铜原子层，使其不易流动，因而这种金属混合物更加经久耐用。最早的青铜是铜和砷的合金，公元前4000年后期安纳托利亚和美索不达米亚首次出现改良版的锡青铜，然后传播到埃及和印度河谷等地。锡青铜独特的优势在于它可以在更低的温度下熔化且不会起泡，更容易浇注到模具中进行铸造。于是工匠能造出任何想要的工具形状，当工具磨损或毁坏时也能修复甚至重铸。青铜很快成为制作礼器、炊具、农具和武器的标准材料。由此，我们从新石器时代过渡到了青铜时代。

美索不达米亚使用青铜的创举多少令人意外，因为该地区没有锡矿，那么这种关键成分应该是长途交易获得的。在青铜时期，欧亚大陆西部使用的锡来自现在德国—捷克边界的厄尔士山脉，来自康沃尔郡，还有一小部分来自布列塔尼。康沃尔郡的锡矿成为古代世界锡的重要来源。当花岗岩岩浆侵入沉积岩层，就形成了重要的锡矿石。大团岩浆的热量驱动地下热液系统，热水不断溶解周围岩石中的金属，然后将其重新沉积在上覆岩层的裂缝和罅隙中，形成富含矿石的矿脉。

我们知道，大约从公元前450年起，腓尼基人从北欧穿过直布罗陀海峡通过海上商路带来了锡；在此之前，锡要经过陆上商路来到新月沃土。由于古时候锡相当稀有，价格也就水涨船高。铜矿石分布则更为广泛，而且地球通过一个特别有趣的过程将它带给人类。

从海底到山顶

在青铜时代，地中海、埃及和美索不达米亚的工匠们严重依赖从塞浦路斯开采的铜。其实，拉丁语中的铜（*cuprum*）以及现代化学元素符号 Cu 正是源自该岛的名字。第四章中，我们讲到地中海的地质条件如何为航海社会的蓬勃发展创造了完美环境，这一地区的构造活动也为青铜时代的文明发展提供了重要的原材料。

铜和锌、铅、金、银等其他金属，集中沉积于海洋中部扩张的山脊中，那里的构造板块被撕裂，岩浆涌出形成新的洋壳。炽热的岩浆沿着地壳中这些裂缝，上涌到地表附近。海水透过海底的岩石缓慢下渗，遇到岩浆后变得炽热。之后它穿过地壳回流，在上升过程中从周围的岩石中滤出矿物质，最后变成热液柱猛然喷出海床。当这种富含矿物质的热流遇到寒冷的海水时，金属硫化矿物质的颗粒沉淀在翻动的、浓稠的、墨黑色的一团中，赋予了这种热液喷口一个更令人回味的绰号：黑烟囱。这些黑烟囱具有一系列高烟囱般的结构，就像漆黑的海洋深处的一些高迪风格的工业景观。

在荒凉的深海海底，黑烟囱就如绿洲一样供养着地球上某些最极端的生命形式。这些独特的生物生活在阳光照射不到的深海，直到 20 世纪 70 年代后期水下发现第一个黑烟囱区，科学家们才首次见到两米长的巨型管蠕虫、浅白色的虾、蜗牛和螃蟹。这些无阳光参与的生态系统的驱动力源自能够在无机能源（如裂隙中喷出的金属和硫化物）上生长的微生物。

之后，喷射到海洋中的颗粒又沉淀下来，其中的贵重金属——铜、钴、金及其他——集中覆盖在深海海底的裂缝周围，但目前尚无法开采。要在特殊的环境下这些沉积的金属才能为我们所用。

之前讲到，在聚合性板块边界，两个板块猛烈撞击，厚厚的海底沉积层屈曲褶皱成山。因此，喜马拉雅山和阿尔卑斯山这类山脉中常有海洋生物化石出现。人们以前认为这是诺亚大洪水等神话事件造成的，直到理解了板块构造这种令人敬畏的力量。洋壳本身由质密的玄武岩构成，拥有众多黑烟囱，在碰撞时几乎总会俯冲到较轻的大陆板块之下，没入地下深处。不过，有时候也会有几片洋壳碎片逃脱向下俯冲的命运，反被挤压抬升至陆壳之上。这种情况似乎在最小的板块上更为常见，例如非洲和欧亚板块碰撞时夹在中间的地中海板块碎片。而这正是塞浦路斯岛形成的原因。

塞浦路斯岛中央椭圆形的特罗多斯山（Troodos）是世界上最典型的蛇绿岩——它是一片搁浅在陆壳上的洋壳碎片。这片洋壳大约 900 万年前形成于特提斯海深处一条扩张的裂缝中，随着非洲板块向北撞击欧亚板块，特提斯海萎缩，它便被挤到塞浦路斯岛上方。特罗多斯山没有明显的变形，所以这块蛇绿岩完好无损地保留了洋壳地层的剖面；在古老的热液通道旁甚至还有清晰可辨的管蠕虫和蜗牛化石。特罗多斯山就像一层层细心堆起的蛋糕，随着山脉被侵蚀削减，这些同心圆地层就暴露在自然中。中间的最高峰属于地幔岩，通常位于海床下十几公里处。

特罗多斯蛇绿岩是地质学家研究海底的扩张裂缝中如何形成新的洋壳（但在如今的生长型板块边界，如大西洋中脊，这自然很难观察）的绝佳机会。对青铜时代的文明来说，这也为获取古代深海黑烟囱喷出的金属提供了便利。由于陆地上承载着一大块洋壳，塞浦路斯的矿工们便能在山体上的某一高度挖掘金属矿床。这里尤其盛产富矿石，铜含量高达 20%。

从公元前第二个千年开始，塞浦路斯成为美索不达米亚、埃及和地中海地区的主要供铜区。之前讲到，青铜时代的人将木炭加入冶铜炉，以从铜矿石中冶炼出金属，所以塞浦路斯的铜产量也依赖大量木材供应。事实上，考古学家通过研究岛上的 400 万吨矿渣堆，即提炼出金属铜后被丢弃的矿石，已经计算出了需要的木材量。在塞浦路斯 3000 年的冶铜历史中，整座岛上平原和山区的松树林至少要被砍伐 16 遍——这是林地可持续管理的早期范例。

大部分塞浦路斯铜都是由欧洲第一个主要文明——米诺斯人——进行交易的。米诺斯人以克里特岛为基础，在地中海东部设置贸易站，从约公元前 2700 年起勃兴了一千多年。我们不知道这些人如何称呼自己，希腊神话中的米诺斯国王（拥有迷宫和弥诺陶洛斯）据说住在克里特岛，因而 20 世纪初的考古学家就称他们为"米诺斯人"。米诺斯人不仅建造了大型多层宫殿建筑群，还是储水和配水的专家，他们早在罗马人之前就造出了完备的水井、水池和沟渠——克诺索斯王宫甚至拥有世界上第一个冲水马桶。但最重要的是，他们还是青铜铸造大师和水手，可以通过驾驭海洋的能力和横贯地中海东部的贸易网扩大自己的文化影响力。米诺斯人生产和出口的大多数青铜器和工具都是用附近塞浦路斯岛上开采的铜制作的。通过贩卖这些金属制品，将其运送到当时的世界各地，米诺斯文明逐渐富裕起来。然而，与之前的伊朗一样，享受板块构造的馈赠也要付出沉重的代价。

为塞浦路斯带来丰富铜矿的俯冲边界也经过克里特岛，并在其海岸以南 25 公里处形成一条深邃的海沟。板块俯冲的一个结果就是，俯冲的板块会释放出大量熔岩，熔岩再上升到地表供给火山带。这排火山恰好位于地幔的熔点之上，因此出现在俯冲线下游特定距离的地表上。希腊火山带位于克里特海沟以北约 115 公里处，在这里，锡拉岛（今天的圣托里尼岛）的火山高耸在爱琴海的粼粼波光中。这座活火山已经断断续续活跃了数千年，但在公元前 1600 年至前 1500 年之间的某个时间，锡拉火山突然发生了史上最剧烈的火山喷发之一。

这次火山喷发几乎彻底摧毁了锡拉岛——沉入水下的火山口只是原始火山的空壳，喷射出来的大团岩灰也将克里特岛完全覆盖。与锡拉岛隔着 100 公里开放海域的罗希姆诺等北岸港口，也被火山喷发引起的海啸所席卷的火山浮石摧毁掩埋。但就像 1500 年后摧毁罗马古城庞贝和赫库兰尼姆的维苏威火山一样，这场大灾难保存了米诺斯人独特的文字、瓷器、艺术品和建筑，让考古学家捕捉到了当时米诺斯的生活图景。①

这场灾难性的火山爆发似乎与米诺斯文明由盛转衰的节点并不完全吻合，虽然两件事的确切日期都很难判断。②但清楚的是，锡拉火山爆发后的几代时间里，米诺斯社会已经走向末路：它的宫殿被摧毁，整座岛屿也被迈锡尼希腊人攻陷。驾驭海洋的能力与海上贸易能力曾使米诺斯人高度繁荣，因此他们的大部分舰队和港口一旦毁灭于火山爆发带来的海啸，再加上锡拉岛的主要贸易港口阿克罗蒂里的覆没，他们的经济基础便遭到

---

① 我们在第四章中探讨过，非洲板块俯冲到欧亚板块之下，导致地中海北部的大部分地区都是火山。火山爆发虽然危险，但也带来不少好处。火山灰土壤肥沃，适合发展农业，而且罗马人发现火山灰可以用来制作"火山灰"水泥（"pozzolanic" cement）。于是，从海港（该水泥在水下浇注也可以凝固）到沟渠再到万神殿的巨大穹顶，几乎所有建筑物都有它的身影，直到今天，这种罗马水泥和混凝土的耐久性和力学强度仍然受到结构工程师的赞赏。

② 此次火山爆发并没有留下文字档案，但米诺斯线性文字 A（Minoan Linear A）尚未破解，其中可能包含目击者记录。

重大打击。由于丧失渔船，农田被海水冲刷，米诺斯人也可能遭遇了严重的粮食短缺与饥荒。这场自然灾难打破了该地区的力量平衡，克里特岛脆弱不堪，从此受制于迈锡尼文明。但主导地中海航运的却是居住在如今叙利亚、黎巴嫩和以色列地区的腓尼基人。

塞浦路斯岛上的特罗多斯山脉，即米诺斯人开采铜矿的地方，包含着一块巨大的、易开采的、保存极其完好的蛇绿岩，但它并不是独一无二的。随着板块碰撞，特提斯海收缩形成地中海，其他古代洋壳碎片也被挤压到陆块之上。在地中海边缘，阿尔卑斯山、喀尔巴阡山、阿特拉斯山和托鲁斯山中也分布着蛇绿岩金属矿床。而在世界各地，其他海洋的收缩也同样导致洋壳的抬升。今天某些规模最大的矿业公司，如西班牙的力拓（Rio Tinto）、加拿大的诺兰达（Noranda）和俄罗斯乌拉尔山沿线的那些，仍探入黑烟囱丰富的金属矿床，开采铜、锌、铅、银和铁等金属。

在两千年左右的漫长时期内，铜锡合金始终是人类制作金属工具、餐具和武器的材料，直到铁这种性能更优越的材料出现，它才被取代。

从铸铁到钢

人类使用铁的历史其实已有成千上万年，当时我们还不识它的金属属性，只提取其缤纷的色素来装饰和表达自己。赭石的颜色丰富多变，从棕色到黄色再到鲜艳的红色，具体取决于其中的氧化铁矿物和含水量。我们将各种形式的赭石磨成粉末，涂抹身体或涂染头发，并在至少 3 万年前将其制成岩刻和洞穴壁画所使用的颜料。从历史来看，现代智人并不是第一种使用这些自然色彩的人类：在 20 多万年前的尼安德特人的遗址中，已经出现了燧石器具，还有赭石。

　　然而，人类文明史上真正的变革时刻是我们学会从这些铁锈色氧化矿床中提取纯金属铁时。之前讲到，虽然整个青铜时代从不缺铜矿，但是锡非常少。而铁矿不仅储量大，且广泛分布在世界各地。但是铁的开发利用晚于铜和青铜的原因是，从铁矿石中提炼金属铁非常困难。

　　冶炼铁的第一种熔炉是初轧机，铁矿石和木炭一起煅烧，但其温度不足以使铁熔化并与矿渣分离。相反，人们从炉中取出炽热但仍然坚硬的海绵状团块——或"坯块"（blooms），即铁与矿渣的混合物，然后经过锤打将金属分离为纯锻铁。"锻造"（wrought）是动词"干活"（work）的旧体过去分词，形容倒很贴切：用锤子不断辛勤地敲击铁砧，将坯块精炼成纯铁。这种冶铁和锻铁的工艺形成于公元前 1300 年左右的安纳托利亚。

　　后来，人类建造了更高的熔炉并用风箱在炉底鼓风，使炉内达到能熔化铁的高温。这就是高炉。添加"熔剂"石灰石不仅有助于矿渣流动，还能促进铁的分离并去除杂质。然后，熔融金属从炉底流出，成为生铁或铸铁。铸铁的碳含量较高（约 3%），所以其坚固但易碎。中国人早在公元前 5 世纪就首次使用了高炉，并且在公元 1 世纪率先用水轮驱动风箱。阿拉伯人在 11 世纪引入了高炉和铸铁，但传入欧洲却晚至 14 世纪末。

世界各地进入铁器时代的时间不同，但社会均发生了翻天覆地的变化。青铜价格相对昂贵，因此它在很大程度上是统治阶级精英的专享，或者作为他们彼此交战时的军队武装。而铁矿石储量丰富，成为制作各种实用手工艺品的通用材料。铁器也比青铜器更耐用，也更容易呈现锋利的边缘。所以它不仅适合制作武器和盔甲，也适合制作日常工具。铁斧在清理森林、开垦新的农田方面作用巨大。铁犁不仅提高了现有农业的生产力，还使人类把先前无法耕种的土地变为了农田。由此，这两种工具为人类开辟了全新的居住地。

值得一提的是，公元 3 世纪晚期开始出现的重型铁犁，即犁铧前面装有铁质刀片，在阿尔卑斯山北部欧洲的坚实土地上实现了高效农业生产。这种重型犁不仅能耕出沟槽，还能深入草皮下方，借弯曲的犁板将草皮翻过来。由此，表层土全部倒置，能有效控制杂草并均匀混合肥料，而沟槽也大大改善了易涝黏性土壤的排水情况。有了这种新兴的铁农具，北欧的致密黏土地要比地中海周围的沙质土地高产得多。因此，在铁斧和铁犁的作用下，北欧绵延不绝的平原逐渐从后冰期的森林和涝渍草原转变为大片粮田。这反过来又推动了随后几个世纪里欧洲的人口分布和城市化的根本性转变。

如果将铜制成合金可以改善铜的材料特性，那么铁也可以。钢是铁与少量碳（一般为 1% 或以下）的合金，碳含量介于纯锻铁和铸铁之间。与青铜一样，合金钢比纯铁的硬度高许多。钢的性能与其中的碳含量息息相关，从柔软但坚韧的低碳钢到坚硬但脆弱的高碳钢，都可以精确调节。几个世纪以来，金属工匠开发出多种技术来调整所需的碳量：烧制锻铁时加入木炭，以便吸收更多的碳，或将锻铁和铸铁比例混合。但是高质量钢材的制作仍然极其费力，因此只用于关键部位，例如刀刃和剑刃，或者有弹性的小部件，例如钟表弹簧。

19 世纪 50 年代，人类发现了一种为生铁除碳的简单方法，开启了目前廉价大规模生产钢的时代。贝塞麦转炉炼钢法（Bessemer Process）是将熔化的生铁盛在高大的铁釜中，然后向液态金属中鼓吹空气。这一过程能燃烧碳并去除其他杂质，形成一块洁净的纯铁板，然后再混合进一定量的碳，生产出你所需的任何等级的钢材。于是钢的生产时间大大缩短，生产 5 吨钢的时间从 1 天缩短为 15 分钟左右，钢产量爆炸式地提高，且成本大幅降低。因此，工业革命将社会转变为一个更加金属化的世界。如今，钢铁被广泛应用于家用餐具和器具、工具、机器、铁轨、船舶及汽车。我们也将它制成建筑物的结构骨架，通过嵌入式钢筋来加固混凝土和摩天大楼的框架。

所以，如果铁器时代彻底变革了人类的居住地、农业和战争，那么现代世界就是铁合金——钢——筑就的世界。但铁究竟从何而来？

星体的铁质内核

最终，地球上所有的铁——从地壳岩石中的铁到人体静脉中携带氧气的红色血红蛋白——都来自星体内核的核聚变反应。大爆炸产生的宇宙中，主要成分是最简单的氢元素，也包含些许氦和少量的锂。我们元素周期表中的所有其他元素都是由星体核聚变而来的——或者是在燃烧的星体核心烧制而成，或者是在大型星体生命周期结束时爆炸产生。

铁元素是星体杀手。当氢聚变产生足量的氦"灰"在大型星体的核心中积聚时，它会反应产生更重的元素，如碳、氧、硫、硅，最后生成镍和铁。铁是最稳定的元素，与它熔合释放不出任何能量。而当这颗大型星体无法产生足够的能量来支撑外层空间时，它自己的核心就会向内坍缩，然后在一个叫作"超新星"的极强事件中爆炸。最后聚变引发的爆炸生成了周期表中许多较重的元素，并将这些原子发散到宇宙中。其余几种重要元素是由中子星的剧烈碰撞产生的，例如结婚戒指中的黄金、智能手机中的稀土金属、教堂屋顶上的铅和核电站中的铀。这样看来，我们的地球乃至人体分子都是由星尘构成的。

大约45亿年前，地球脱胎于原太阳周围旋转的、由尘埃和气体构成的圆盘状云。灰尘微粒聚在一起形成颗粒，颗粒再凝成越来越大的岩块，然后在重力作用下形成我们的地球。这一过程中产生的热量熔化了原始地球，大部分致密的铁沉到地核，外面包覆厚厚一层富含硅酸盐的地幔，地幔缓慢冷却且表层结出薄壳。许多其他金属很容易溶解在铁中，即嗜铁体（"亲铁"），所以当铁下沉时，它们也从地幔中滤出，随之下降到地核。因此，像金、银、镍和钨这类亲铁金属，包括我们即将提到的铂族金属，都会从地表岩石中消失殆尽。我们一直梦寐以求的贵金属——

金，是在地球分化成铁质地核和硅酸盐地幔之后，因为小行星撞击才回到地球表面的。①

铁质地核也有助于地球形成磁场。地核外层翻腾的熔铁流就像发电机一样形成了地球的磁场。它对 11 世纪以来中国、伊斯兰和欧洲的水手先后使用的航海罗盘（以及早于人类感知到地球磁场的迁徙动物）非常重要。但更重要的是，这种"茧"一样的磁场就像一块导流板，可抵挡太阳吹来的粒子流，即太阳风，从而保护地球的大气层不被吹入太空。因此，地球上的复杂生命本身依赖于这一炽热的铁质地核：人类血液中的铁不仅指向凝聚出铁质星核的古老群星，也关联着保护地球生命的磁场。

不过，地球上的铁并没有全部沉入地核：它仍是地壳中储量排名第四的元素，大概占全部岩石重量的 5%。但要为人类所用，铁必须富集到可以开采、提炼的矿石中。这就要讲到地球历史上的一个特殊时刻。

_____

① 人类历来珍视黄金，不仅因为它的稀缺性。黄金是一种惰性金属，以天然金属的形式存在（它不与矿石中的其他原子结合），透过岩石的表面就可以看到它的光泽，或者被侵蚀出来重新沉积在河床上。这也意味着它不会失去光泽——它明亮的光泽不会变暗；黄金首饰不会与皮肤上的液体发生反应；金币也不会腐蚀：它们是持久稳定的财富。其他金属的颜色是平淡无奇的银白色，但金的颜色比较特别。它与众不同的惰性与色彩实际上是爱因斯坦相对论的作用。金原子的最外层电子以相当于光速的速度移动，相对来说质量越来越大并且更贴近原子核。这既降低了其化学活性，又使其吸收蓝光，反射出红光和绿光，从而混合成温暖的金色。

当地球生锈

纵观历史，世界各地开采的所有铁矿石几乎都属于同一时期形成的同种岩石。

到目前为止，条状铁层或 BIF（以及从中侵蚀出的矿床）是我们最主要的铁矿石来源。每个铁层可能有数百公里长，数百米厚，最优的矿石中铁含量超过 65%。"条状铁层"，顾名思义，具有独特的条状外观，每层条带的厚度介于一毫米到几厘米之间。这些岩层由氧化铁矿石——赤铁矿和磁铁矿——与硅质岩或页岩交叠组成。

它们的历史悠久得超乎想象。绝大多数条状铁层形成于 22 亿至 26 亿年前一个相对短暂的全球沉积期，那时候地球上刚刚开始形成大陆。[1]世界各地的铁矿石几乎都源于地球历史上的某一时期，说明当时地球上正发生着某些重大事件。条状铁层沉积于古代海洋的海床上，它们的条纹揭示了原始海洋的涨落情况：铁矿石小颗粒洒落在海床上形成矿石层，中间夹杂着普通海泥形成的沉积层。但奇怪的是，如今铁在海水中的溶解度极低。那么，大约 24 亿年前，这么多的铁是如何沉积在海底的？那时候究竟有什么不同？

如果你回到条状铁层时代，会看到一个完全陌生的世界。年轻地球的内层比现在温度高得多，火山活动肆虐。地球表面

---

[1] 大约 18 亿年前，另一次规模较小的条状铁层突增形成了明尼苏达州和苏必利尔湖畔安大略省之间的冈弗林特（Gunflint）和罗夫（Rove）铁成岩。

被海洋环绕，中间只点缀着一些火山岛链和刚刚形成的小片陆地。阳光中的紫外线照射在荒凉的海面上，天空可能始终笼罩在病态的黄色云雾中，空气里满是氮气和二氧化碳。而且最关键的是，空气中没有氧气——你要穿上太空服才能在自己的星球上走动。

如今，你每一口呼吸中都有 1/5 是氧气。但在地球的前半生中，大气和海洋里基本没有氧气。大气中的氧气和溶解在海水中的氧气是由生命带来的。有些生物能够获取阳光中的能量，将二氧化碳转化为构成细胞的有机分子，并在此过程中将水（H_2O）分解，释放出氧气。这种生物魔力就是光合作用，它使细胞具有令人难以置信的自给自足能力，只要有光、二氧化碳和其他少数溶解性营养物，就可以满足全部需求。

具有光合作用和释放氧气能力的细胞被称为蓝菌。所有依靠阳光生活的更复杂的生命形式——硅藻、海藻、海草以及陆地上的所有植物和树木——都继承了这种能力。大约 10 亿年前，它们的单细胞祖先将蓝菌纳入体内，成为演化史上的关键时刻。正是这些微不足道的早期蓝菌，云集在原始海洋中，通过自身的光合作用机制释放出氧气，最终氧化了整个地球。研究古代岩石变化的地质学家可以看到，24.2 亿年前氧气水平首次明显上升，即大氧化事件（GOE）。虽然当时的氧气水平与今天相比还很低，远不足以供给人类呼吸，但它对地球的化学性质和生命发展产生了深远影响。可以说，大氧化事件是地球历史上最重大的变革。

大氧化事件后不久，大约在 22 亿到 23 亿年前，地球似乎出现了历史上最长的，也或许是最严重的冰期。当时，地表接收的阳光比现在大约少 25%，为了保持足够的温度使地表水呈现液态，地球需要强大的温室效应。远古时期的大气中含有大量甲烷，这是一种强效温室气体，但逐渐增加的氧气与甲烷发生反应，消耗了大量甲烷，剥除了地球外围的保温层。于是气温骤降并造成全球冰川化，形成"雪球地球"——冰面几乎覆盖了整个地球的表面。在长达 1000 万年的时间中，地球都处于这种冰封状态，直到火山活动在大气中积累了足够的二氧化碳，才开始大解冻。从如此久远的封冻中解救地球是火山活动为地球生命带来的重大利好之一。[1]

大氧化事件前后，许多微生物无法适应活性氧，中毒而亡——一场真正的氧气大屠杀。为了适应新的世界秩序，有机体要么根据氧气发生相应的演化（想方设法利用其活性从新陈代谢中释放更多能量，如早期的细胞生物那样），要么选择氧气无法渗透的偏僻栖息地，如海底泥浆或地下深处。[2]

但动植物等更为复杂的多细胞生物需要氧气来维持生命，也需要臭氧层来保护地表不受紫外线的侵害。因此，虽然大量

---

[1] 氧气开始在大气中积聚之前，大气中没有臭氧层，臭氧层本身是氧气水平足够高才形成的，因此阳光中的有害紫外线辐射会直接照射地球表面。这种高能光还可引发大气中的化学反应，产生微小的碳氢化合物液滴，将早期的地球笼罩在朦胧的光化学薄雾中。但这种黄色的薄雾在与大气中逐渐积聚的氧气发生反应后消失殆尽——天空也变为蓝色。

[2] 很久之后当动物出现时，它们体内演化出了新的无氧环境。反刍动物（例如奶牛）的无氧肠道类似原始地球上的一个小口袋，厌氧菌在其中繁殖并进行古老的新陈代谢，产生甲烷，然后从口袋两端释放出去。

有机体因为活性氧气中毒而亡或被局限在无氧环境中，大氧化事件还是为地球上所有复杂生命的发展开辟了道路。大约到 6 亿年前，大气中的氧气含量终于升至今天的水平，动物生命应运而生。

这就回溯到了如今世界各地开采的条状铁层的形成期。氧化铁几乎不溶于水——这也是为什么现在的海洋氧气充足，铁却如此稀缺。但是还原型铁极易溶解，在大氧化事件之前，或源于海底火山喷发，或源于侵蚀过陆地的河流注入，原始地球海洋中这种还原型可溶铁含量非常高。在大氧化事件期间，海洋中的蓝菌缓慢增殖，将地表水氧化。但海洋深处仍是无氧环境，富含溶解铁——大约是如今海水含铁量的 2000 倍。但每当深海的水被翻到浅海大陆架上时，其中的铁就会接触氧气发生氧化，失去溶解状态，并最终沉淀在海底，形成条状铁层。地球就这样生锈了。

实际上，我们从古至今开采的所有铁矿石都是 24.2 亿年前大氧化事件的 2 亿年间形成的条状铁层。由此，如今的蓝天、我们吸入肺部以维持生命的空气以及人类文明几千年来制作工具的铁，都有着深刻关联。氧气的另一个好处是让人类得以使用火。

地球过去 90% 的历史时期都没有出现火。虽然有火山爆发，但大气中没有足够的氧气来持续燃烧。[①]因此，氧气含量增加不仅使地球上演化出更复杂的生命，还赋予了人类火这种工具。

————————

① 化石记录中的木炭（即野火的迹象）直到大约 4.2 亿年前才出现，当时大气中的氧气水平首次超过 13%。

我们先是用它驱散夜晚的寒意和虎视眈眈的掠食者，烹饪食物和开辟荒地，然后学会利用火的变形作用，将黏土烧制成坚硬的陶瓷或砌砖，制作玻璃，或冶炼金属制作工具。今天，我们用火发电并推动各种工业过程，用微小的火苗启动汽车发动机的气缸。我们对火的依赖就像蜷缩在篝火旁的旧石器时代先辈一样；只是现在，我们把它隐藏到了现代世界的幕后。

口袋中的元素周期表

在古代世界，只有少数几种金属得到广泛应用，包括青铜器中的铜和锌，钢质工具和武器中的铁，管道系统中的铅，以及装饰、珠宝和货币中的金银等贵金属 。这些金属在现代世界中仍然很重要，或者说，我们仍然生活在铁器时代。铁，尤其是合金钢中混合的铁，占当今工业文明所用金属的 95% 左右。其他金属也十分重要，但其用途已发生重大改变。例如，铜首先是青铜时代的工具和武器的主要合金成分，但随着冶铁技术的发展和铁这种优质金属的可用性，铜的重要性和交易价值逐渐下降。不过，在过去的两个世纪中，铜作为一种储量相对丰富的金属，重要性又有回升之势，因为它具有良好的导电性，可以作为现代电气化世界的电线。虽是同一种青铜时代的金属，但随着技术的变化，现在被利用的是其不同的属性。

我们还发现并学会了使用新金属，其中最主要的一种就是铝。铝实际上是地壳中含量最丰富的金属（总体约占 8%），但要把它从矿石中分离出来极其困难。所以我们直到19世纪末才学会了通过电解熔融状态的铝矿石来廉价大规模地生产铝。之后，它被广泛用作建筑材料和食品包装。铝这种材质还极轻巧，因此在第一次世界大战飞机制造业的扩张中独放异彩。而我们使用的金属种类真正呈爆炸式增长却是在最近几十年进入技术社会以后。

　　你能猜到自己身上现在有多少种金属吗？几种？十几种？其实单单一只手机中就有60多种不同的金属，是不是很震惊？它们是铜、镍和锡等基本金属；钴、铟和锑等专用金属；以及金、银和钯等贵金属。每种金属都有特殊的电学特性，有些还包括微小而强力的磁体，可用于扬声器和振动电机。智能手机中还包含一系列非金属元素，例如塑料材质中的碳、氢和氧，作为阻燃剂的溴，以及微芯片晶圆中的硅。在现有的83种稳定元素（非放射性）中，智能手机等日常消费品已经包含了大约70种——也就是说，元素周期表中将近85%的元素都藏在了你口袋里。

　　除了电子产品，其他一些领域也要使用多种金属。发电站的涡轮机或飞机的喷射发动机采用的高性能合金混合了十多种化学工业中加速反应的催化剂（包括制造现代医学药物的催化剂），使用了70多种不同的金属。然而，其中很多关键金属我们大多数人从未听说过，例如钽、钇或镓等具有外来名称的元素。

　　我们使用的金属种类突飞猛涨，着实令人震惊。如今的微芯片含有约60种不同的金属，但在20世纪90年代只有20种。例如铟，它发现于1863年，并在第二次世界大战中用于涂覆飞机发动机中的轴承，使其免受腐蚀。但直到20世纪90年代，我们利用铟锡氧化物既透明又导电的罕见特性，为设备屏幕上覆上一层薄膜，铟才得到广泛应用。今天，从平面电视到笔记本电脑的所有产品，尤其是现代智能手机和平板电脑的触摸屏，无不用到铟。同样，比铟晚发现几年的镓在电子时代之前也没有得到广泛应用，如今它被用于集成电路、太阳能电池板以及蓝光光盘中的蓝光 LED（发光二极管）和激光二极管。

这些具有外来名称的金属大都属于以下两类：稀土金属（REMs）和铂族金属（PGMs）。这两类金属的化学性质非常相似，也就是说它们集中在同种矿物中，且会随着金属分离过程同时被提取。正是这二十几种金属奠定了我们如今的技术时代——它们超过 80% 的开发利用是从 1980 年以后开始的。如果它们的确是技术时代的关键因素，那么，随着我们从重碳经济中转型，它们在未来将变得更加重要。它们不仅能为风力涡轮机的发电机和电动车的发动机提供小巧但强力的磁体，还能促进产生大容量可充电电池。

17 种稀土金属由元素周期表第六行中的"镧系元素"以及化学性质类似的钪和钇组成。不过，"稀土"这个名称有些不妥，因为它们在地球岩石中其实并不是那么罕见——除了在整个地壳中含量不超过半公斤的放射性元素钷 。例如镧的储量几乎与铜和镍相当，为铅的 3 倍。此外，稀土金属的总量是金的 200 倍。

因此，问题不在于其在地壳中的储量，而在于提取困难。稀土元素化学性质相似，经常集中在同种矿物中，这就意味着很难将它们分离成纯金属。更棘手的是，它们最集中的地方往往在岩石内部。许多其他金属在特定的地质过程中会富集到矿石中，例如条状铁层或横穿赛罗里克山的厚银层（第八章将会讲到）。稀土元素的化学性质意味着它们不会形成富集金属的优质矿石，而是呈低浓度分散在岩石中。所以总的来说，特意开采它们在经济上并不可行——提取的成本要高于它们本身的价值。世界上仅有少数地区稀土金属的储量相对丰富，开采能够赢利。如今，印度和南非可进行少量开采，而从 20 世纪 90 年代以来，全球绝大部分稀土金属都产自中国。

　　6 种铂族金属——铑、钌、钯、锇、铱和铂——集中在元素周期表中部；它们与稀土金属的化学性质类似，也意味着它们可能集中在同种矿物中。但与稀土金属不同的是，铂族金属是真正的贵金属。它们是地壳中最稀有的稳定元素——有些储量仅为铜的百万分之一。铂是铂族金属中储量较高的一种，但全球年产量仅为几百吨，而铝的年产量为 5800 万吨，生铁则超过 10 亿吨。铱尤为罕见，地壳中的储量仅有约十亿分之一：平均而言，1000 吨地壳岩石中含有不超过 1 克的铱。与其他铂族金属以及金一样，铱也是一种亲铁元素，因此，当铁向下沉降形成地核时，原始地球上几乎所有的铱都随之进入了地心深处。①

　　铂族金属也被称为惰性金属，因为它们在高温下也能抗化学侵蚀和腐蚀。由于极其稀有且抗腐蚀，铂成为制作珠宝的上

---

① 小行星中铱的储量超过地球一千倍，但小行星体积太小，无法分离成铁质地核和富含硅的地幔、地壳。因此，白垩纪和古近纪之交散落各地的薄黏土层中富含的铱，就是 6600 万年前小行星或彗星撞击地球（恐龙大灭绝事件）的最有力证据之一。

好材料，其年产量将近 1/3 都变成了我们佩戴的饰品。[①]但铂族金属与黄金等其他贵金属又不同，后者如今主要用于珠宝制作和财富保值，只有约 10% 用于工业——主要作为电器触点，而铂族金属则有各种实际应用：从涡轮发动机到火花塞，从计算机的电路和硬盘驱动器到心脏起搏器中的触点，不一而足。

大多数铂用于汽车废气排放系统中的触媒转换器，以减少有害排放，还用于化学工业的催化剂，以精炼石油，制造药物、抗生素和维生素，并生产塑料与合成橡胶。然而，它最重要的用途可能是在农业上。在生产人工肥料这一化学过程中，它可以有效利用大气中的氮气，充当催化剂。据估计，全球大约一半人口所需的粮食都受这种金属滋养。

铂族金属极端稀缺，意味着它们只能从集中度远高于地壳平均含量的岩石中开采。因此，它们只局限在发生过特殊地质过程的地区。铂族金属能够富集在某些铜和镍矿石中，并在开采这些重要金属的过程中作为副产品被提炼出来。矿源包括俄罗斯诺里尔斯克附近的矿山——那里正在开采的是 2.5 亿年前二叠纪末期西伯利亚暗色岩带来的矿床，以及加拿大的萨德伯里盆地。萨德伯里盆地是地球上最大、最古老的撞击坑之一。18.5 亿年前，一颗直径超过 10 公里的小行星撞向地球，撞出了这个直径原为 250 公里左右的撞击坑。巨大的坑洞里注满了

---

① 铂的名字源于西班牙语 "微银" (little silver)。它散布在厄瓜多尔和哥伦比亚的河床沙地中，在它被一位西班牙军事将领带回欧洲之前，已经被前哥伦布时期的南美土著人长期用作饰品。

含有铜、镍、金和铂族金属的岩浆，然后结晶成富矿。但到目前为止，世界上铂族金属主要源自南非的一个地区。全球约有95％的铂族金属都储存在南非布什维尔德杂岩体中（Bushveld Complex）。

布什维尔德杂岩体是世界上金属含量最高的地区之一。这是一块巨大的碟形火成岩，面积约为 15.75 万平方公里，某些地方的厚度可达 9 公里。它大约形成于 20 亿年前，即条状铁层在各大海洋中沉积后不久，当时大量岩浆侵入地表几公里之内，然后在地下缓慢冷却。在冷却过程中，各种矿物质分离并凝固，组成一块巨大的"千层糕"。其中一层富含铂族金属，含量约为百万分之十，远高于其他大多数岩石，但每开采一吨仅能提炼约 5 克铂和钯。这里铂族金属的集中度比别处高出 1000 倍，不过具体由哪些异常的地质条件导致尚不清楚，但 20 亿年后的今天，正是这薄薄的一层为我们提供了现在使用的绝大多数铂族金属。

过去，金属因其机械强度常常被用于工具和武器。时至今日，它们仍广泛应用于建筑，而高性能合金可用于发电、运输和工业。但我们也开始利用多种金属的化学催化作用（我们前面讲过，它们对供养全球人口有重要作用）或电子特性（用来制作现代设备）。与铜或铁等历史悠久的金属相比，现代世界采用的许多金属很难从矿石中大量产出，而且仅分布在全球少数地质条件异常的地区。事实上，我们本节介绍的某些金属现在已被列为元素周期表中的"濒危元素"。

濒危元素

要持续满足工业化世界的资源需求，一个最紧迫的问题就是科技领域最重要的几种金属在未来的可用性。濒危元素包括某些铂族金属、几种稀土金属和可充电电池中使用的质量最轻的金属锂。在未来几年，铟和镓也将面临严重威胁。[①]

问题不在于这些元素会完全消失，而是技术应用不断增长的需求可能大大超过其有限的供应量。例如，全世界非常依赖中国生产的稀土金属（目前约占全球总量的95%），这让很多人担忧其供应量是否能满足不断增长的需求。尤其是在很多情况下并没有功能适配的替代金属，人们的焦虑更重。2010年，中国出于国内需求和环境考虑宣布将出口配额削减40%之后，稀土金属的价格随之飙升。虽然中国后来放松了限制，但这些对我们的技术至关重要的元素是否能持续供应，仍让人深深忧虑。

通常，当供应限制导致价格上涨时，会刺激发掘其他的资源，

---

① 氦虽然不是金属，但也极度濒危。氦不仅用于填充派对气球，超冷液态氦还可以用来冷却医院或科学实验室的核磁共振扫描仪中的超导磁体。实际上，氦是宇宙中储量第二大的元素，但由于它是一种超轻气体，其原子很容易从地球大气中逸出并进入太空（而木星和土星等气体巨行星以强大的引力留住了其大气中大部分氦气）。地球上的氦产生于地下深处。铀等放射性元素在衰变时会释放一种叫作 α 粒子的辐射，形成氦原子核。氦与天然气（在石油形成的过程中出现，第九章将会讲到）一起被困于相同的地质条件下，因此大多数氦都是在开采天然气时批量提炼出来的。就这样，氦不仅从地下深处来到地面，连儿童生日聚会的气球中都充满了氦原子——曾经是高速运动的辐射粒子。

澳大利亚、巴西和美国也正在开发新的矿山和提炼设施。但是，即使这些全部投入运行，中国仍将主导重型稀土金属的生产，而这恰恰是最稀有且最有价值的稀土金属。

　　但人们正在尝试另一种更令人惊奇的解决方案。现代电子产品中使用的一些稀有金属，例如智能手机触摸屏中的铟，因屏幕太薄或因与其他金属微量混合，在设备废弃的时候很难回收。不过，只要多动动脑筋就可以从许多其他物体中回收稀有金属。数十年来，我们一直粗心大意地丢弃废弃的设备，所以许多垃圾填埋场现在堪称这些贵重金属的矿源。这就产生了一个有趣的可能性：开采垃圾填埋场，回收垃圾，并获取其中蕴含的宝藏。例如，在布鲁塞尔以东 60 英里处，一个垃圾填埋场的测试场不仅要回收建筑材料并将废物转化为燃料，同时也试图对贵重金属进行分类和回收。英国也紧随其后准备开采垃圾填埋场：已探测的四个场地含有大量的铝、铜和锂。不过，在日本的高科技垃圾场中，矿工的收获更加丰富。据测算，日本填埋的垃圾中所含的金、银和铟的量是全球年用量的 3 倍，铂也许可达 6 倍。实际上，这种由废弃手机制成的人造矿石的含金量是普通金矿的 30 倍。①

　　本章中，我们从青铜时代进入了使用高科技金属的现代世

① 为了弥补自然岩石中铂族金属的供应量，人们想出了一个特别有趣的提议。较轻的铂族金属（钌、铑和钯）是核反应堆中铀原子分裂产生的大量副产品，可以从核乏燃料棒中批量提取。这就是现实中的炼金术（将一种元素转化为另一种元素），不是通过魔法石，而是用古代炼金术士无法理解的手段：核裂变时的原子变形反应。

界，也探讨了地球历史上的特殊地质条件如何为人类提供了制作文明工具的原材料。但从古至今，金银之类的贵重金属也被长期用作交换媒介——它们被铸造成货币，促进不同文化之间的商贸往来。横跨欧亚大陆、连接中国和地中海的最早远程陆路贸易线路之一就是：丝绸之路。

第七章　丝绸之路与草原游牧民族

欧亚大陆东临太平洋，西濒大西洋，横跨约 12 000 公里，总面积超过地球陆地面积的 1/3，拥有许多最为先进的古文明。这里的不同文化发展出轮式交通工具、炼铁术、越洋贸易航路和工业化社会。在这片广阔的土地上，有两种因素决定着历史走向：横跨整个大陆的长途陆路贸易路线，以及从大陆内部向外扩散、挑战周边其他文明的游牧民族。而究其原因，正是因为气候带及相应的生态环境这两种地球基本特征。

横贯大陆的高速通路

公元前第一个千年时，欧亚大陆中部已经建立起长途陆路贸易联系，中国可以购得中亚地区的玉器，而美索不达米亚能采购到阿富汗的青金石。不过，这种长途贸易急速增长是在公元 1 世纪以后。当时，广袤的欧亚大陆两端出现了两股强大的力量：东方的中国汉朝和西方的罗马帝国。

在中国，文明始于渭河和黄河下游，后向南扩散到长江。奔腾的黄河与长江之间的平原形成了中国的心脏地带。气候较干旱的北方种植着小麦和小米，而较湿润的南方则种植着水稻，一年两熟。埃及的土地每年依靠尼罗河的洪水焕发生机，而中国农民却拥有大片极其肥沃的成熟土壤。在过去260万年间反复出现的冰期中，退缩的冰川和沙漠地区的风吹尘埃形成了一层层黄土土壤。这种肥沃的土壤在某些地方可能厚达100米，塑造了壮观的高原，但它也受到冲积平原上河流的侵蚀和堆积影响。黄土土壤富含矿物质、松软多孔且呈现独特的浅黄色——事实上，黄河便是因其携带的黄土沉积物而得名。①

经过250年左右的战争，秦朝（中国历史上的一个朝代）于公元前221年统一了现代中国的农业核心地带。与埃及一样，中国能够如此早地实现长久的政治统一并免受外部的威胁，主要得益于其自然疆界：东部有沿太平洋海岸线，西部为环境艰险的青藏高原和喜马拉雅山脉，南部则有茂密的丛林。其弱点主要在北部边界，那里没有山脉之类的清晰的地理分野，而是从肥沃的农业平原到戈壁沙漠再到中亚的干旱草原的平滑过渡。公元100年左右，中国的汉朝向北扩张至戈壁沙漠和朝鲜半岛。它还沿着河西走廊向西延伸出狭长的地块，穿过高耸的青藏高原与戈壁滩之间的一连串绿洲，深入塔里木盆地的塔克拉玛干沙漠，保护其穿越中亚的商路。

罗马帝国的扩张也与其自然疆界紧密相关。公元117年（罗马帝国版图达到峰值），罗马已经从意大利半岛中部的一个小

---

① 黄土土壤的面积不超过地表的10%，但造就了世界上某些农业生产力最高的土地。除了中国境内深厚的黄土高原，中亚的草原地区还横贯着一条宽阔的黄土带，北欧也零星分布着这种肥沃的土壤。

镇扩展到了当时拥有全球 1/5 人口的庞大帝国。在这个鼎盛时期，罗马帝国沿着地势完全包围了地中海（mare nostrum，或称为"我们的海洋"）。它向西一直延伸到伊比利亚半岛和高卢（法国）濒临的大西洋海岸，向北统治着阴雨绵绵的英国。其北部以蜿蜒穿过欧洲平原的莱茵河和多瑙河为界。东部边境则从喀尔巴阡山脉直到黑海沿岸，然后延伸至高加索山脉。向南则穿越美索不达米亚并绕过巴勒斯坦海岸线，沿尼罗河向南深入，最后环北非海岸扩张，直到荒无人烟的沙漠边缘。①

公元 2 世纪初，罗马帝国和大汉王朝拥有许多共同特征。人口数量大约都为 5000 万，领土面积也大致相同，均为 400 万至 500 万平方公里。罗马帝国沿其内海——地中海——分布，国内交通贸易便捷，而中国的核心区则是壮阔的黄河与长江灌溉的平原。罗马修建道路发展陆路运输，中国则开凿了多条运河；此外，两个文明都筑起了坚固的城墙，阻止蛮夷进犯。

在两大帝国的版图达到最大时，它们的领土跨度合起来足

---

① 罗马帝国的疆域对历史产生了长久的影响，现代欧洲基督教的三大教派——天主教、新教和东正教的地理分布仍然留存着当时的烙印。1054 年，东西教会大分裂，基督教分为两大宗：罗马教皇领导的罗马天主教和君士坦丁堡宗主教领导的东正教。第二次大分裂是 16 世纪新教与天主教的分裂，这是源于德国的宗教改革的结果（德国不曾被罗马帝国统辖）。欧洲这三大教派主要沿两条断层线分开：第一条是天主教和东正教之间的断层线，它沿着多瑙河向南穿过匈牙利平原，即东西罗马帝国曾经的边界，距离罗马和君士坦丁堡两座首都大致等距。第二条沿着罗马帝国历史悠久的莱茵河边界，以及拉丁文明与日耳曼部落之间的界线，包括原先罗马帝国边界外信仰新教的地区。因此，三大教派大致沿袭了罗马帝国曾经的疆界，而这些疆界是由自然环境中的地形所界定的。

有大西洋和中国东海之间整个欧亚大陆的四分之三。而它们通过交换一种珍贵的商品——丝绸——建立起了联系。

中国一直使用丝绸来稳定北部边塞好斗的匈奴部落或者购买他们的马匹，并将丝绸传入了波斯。但是现在，它发现更遥远的罗马帝国拥有巨大的市场潜力，那里的上层贵族十分喜爱这种来自东方的美丽织物。中国丝绸首先通过陆路商队到达地中海东部，但也沿着我们在第四章中探讨过的海上通道进行交易：乘船穿越印度洋，沿红海北上，乘骆驼穿过沙漠到达尼罗河，然后乘船前往亚历山大港。①

公元 2 世纪初，即公元 220 年汉朝灭亡和罗马帝国逐渐衰落之前，罗马—汉朝沿线的贸易达到了顶峰。两大帝国消亡后，东西方的贸易仍然持续了数世纪。今天，我们将欧亚大陆两端的远程贸易叫作丝绸之路。但是这个词并不恰当。它不仅是一条道路，更是连接城市、绿洲城镇和贸易中心的庞大道路网——整个穿越中亚的运输和商业网。虽然我们通常将丝绸之路想象成中国与地中海之间的跨大陆连线，但两个端点之间的贸易同样至关重要，例如商路还延伸到了印度北部和阿拉伯。

丝绸之路的历史说明了地形对人类活动、生活方式和贸易具有重大的决定和引导作用。丝绸之路发端于中国的华北平原，

---

① 由于丝绸从两种截然不同的路线传入，罗马人便认为它来自两个不同的地方：陆路运输而来的丝绸源于赛里斯（Seres），而经由水路到达的则源于秦尼（Sinae）。罗马人也不清楚丝绸是如何制成的，就想象是通过梳理树叶得来的，这种误解可能是由于蚕蛾的幼虫以桑叶为食。汉朝人对印度传入的棉花也有类似的误解，认为它是"某种水羊梳落的毛发"，而不知道它实际上是包裹着某种植物种子（与秋葵和可可同属一科）的蓬松纤维。

后穿过长达 1000 公里、绵延在雄伟的青藏高原和戈壁滩之间的河西走廊；经过绿洲城市敦煌和长城玉门关之后，到达塔里木盆地的边缘，进入盆地中的塔克拉玛干沙漠。丝绸之路在天山山麓向北分出一条支线，另一条则沿着与青藏高原相接的沙漠南端延伸。两条路线在喀什再次汇合，然后或向西穿过天山山口或向南穿过帕米尔山口。还有一条路线穿越乌鲁木齐和天山北麓，经由准噶尔山口的山谷翻越群山。

越过塔克拉玛干沙漠和天山山脉后，丝绸之路穿过诸多山谷，蜿蜒经过中亚的沙漠——今天的乌兹别克斯坦、土库曼斯坦和阿富汗——连接起了绿洲和撒马尔罕、布哈拉、梅尔夫和赫拉特等贸易站点。陆上商路的一条分支向南延伸到喀布尔，然后从那里穿过开伯尔山口，越过西喜马拉雅山的兴都库什山脉，进入印度河谷。继续西行的路线则经过里海之南，穿过波斯，串联起巴格达和伊斯法罕等大型贸易中心，然后通往大马士革和地中海东部港口；或者向北转向黑海，用船舶将货物运到欧洲。

这个泛亚路网中的确切节点在历史上各不相同，不同的帝国会根据其偏好城市布设贸易路线，但是它所跨越的辽阔地域使我们对所谓的"丝绸之路"这一庞大的网络拥有了清晰的认识。而且，大多数横跨亚洲东西的交流线路都穿越了一种特殊的气候带——沙漠。

丝绸之路的特殊环境是由行商头顶上方无形的空气运动决定的。赤道附近的光照强，蒸腾的水汽上升导致大量降雨，于是产生了茂密的热带雨林，它们分布在亚马孙平原、东印度群岛以及非洲中西部。（第一章讲到，由于东非大裂谷的构造抬升，东非最初的雨林被干旱的大草原所取代。）但是，当这种空气经过高海拔地区的上空再回到地面时，大约在南北纬30°处，就会变得异常干燥——地表最干旱的区域便集中于此。在南半球，这一干旱区包括澳大利亚的大沙沙漠、南非的卡拉哈里沙漠和南美的巴塔哥尼亚沙漠。

在北半球相对的地区，分布着美国的莫哈韦沙漠和索诺兰沙漠、撒哈拉沙漠、阿拉伯半岛和印度西北部的塔尔沙漠。

但是东南亚的情况略微复杂一些。沙漠带在这里被季风系统及其带来的季节性强降水阻断。在第八章，我们将看到青藏高原和喜马拉雅山脉如何增强印度季风，但是这些高山以及帕米尔山、昆仑山和天山等支脉，也可以阻止印度洋和太平洋的潮湿空气进入中亚。丝绸之路必须穿越的许多沙漠，例如戈壁滩和塔克拉玛干沙漠，都是由于这种雨影效应而形成的，因此，亚洲的沙漠地带距离赤道比其他大陆要远得多。虽然某些沙漠中充满了流动沙丘，例如塔克拉玛干沙漠是仅次于覆盖阿拉伯半岛南部大部分地区的鲁卜哈利沙漠的第二大流沙沙漠，但许多沙漠表面布满卵石，非常坚硬，只要携带足够的水，其实很容易通过。

因此，在过去的4000万至5000万年间，构造挤压的抬升作用不仅形成了广阔的喜马拉雅山系，还形成了它们背后的沙漠。这些山脉和沙漠定义了丝绸之路穿越的地理环境。而有一种动物特别适合行走于这个干旱的气候带，促进东西方之间的贸易。它就是骆驼。

我们在第三章讲过，骆驼原产于北美，在几百万年前的一个冰期越过白令陆桥迁到欧亚大陆。而后它在原产地灭绝，并在旧大陆发展出了两个变种：亚洲的双峰驼（约公元前 3000 年被驯化）和非洲更为炎热的沙漠中的单峰驼（约公元前 2000 年被驯化）。骆驼能够负载更大的重量，行走更长的路程，且需要更少的水，所以它在干旱地区的运输能力远远胜过马或驴。

与普遍看法相反的是，骆驼的驼峰中并没有储存水，而是脂肪。骆驼不像许多哺乳动物那样将脂肪分散在整个身体中，形成一层保温层，而是集中在驼峰里，既能为身体提供能量也能保持凉爽。骆驼特别适合在沙漠中生存。在干旱环境中跋涉大约一个星期后，它体内的水分可能会损失将近 1/3，却没有不良反应——它能够适应极度脱水的状况，且血液不会浓稠到威胁生命。骆驼的肾脏和肠子能够产生高浓度尿液以及干燥得可以用来生火的粪便。它还可以锁住原本会呼出的水分，水汽在其鼻腔通道中凝结，就像空调机上滴下的水一样。此外，脚底的肉垫也有助于它穿越沙漠、沼泽或戈壁等各种地形。

骆驼在大约 4000 年前开始的香料贸易中扮演着重要角色。尽管阿拉伯半岛也处于沙漠地带，但在半岛西南部，夏季季风遇到高山形成降水，滋养出一片罕见的植被。乳香和没药便从这些山上生长的灌木丛中提取出来。由于它们最佳的收获期是春秋两季，与推动船只沿红海北上抵达埃及或穿越印度洋的季风不同步，因此利用骆驼进行陆路运输更加合适。载着香料的商队沿红海岸向北穿过阿拉伯沙漠，然后越过西奈半岛到达埃及和地中海，或者向东抵达美索不达米亚。

在北非，骆驼商队从公元 300 年左右就开始穿越撒哈拉沙漠，将苏丹的黄金带到地中海。商队返回时，又将沙下开采出的食盐（撒哈拉地区沙漠化过程中湖泊蒸发沉积而成）运往廷巴克图商业小镇。随后食盐被装上独木舟，顺着河流向南进入非洲深处。13世纪初，马里帝国崛起，它拥有尼日尔河及其支流所培育的肥沃土壤带，还拥有富足的金矿，于是廷巴克图变成了一座中心城市。以盐易金的贸易持续了数个世纪，而寻找这种贵金属的源头是葡萄牙水手在15世纪初探索西非海岸的主要动机之一（我们将在第八章讲述）。

骆驼对于横贯亚洲干旱地区的丝绸之路也至关重要。它能适应这里的各种地理环境：厚厚的脚掌在戈壁滩上步履稳健，且能够忍受沙漠和高山山口等地的极端气候条件。一头骆驼的载重量可达200多公斤，而一个商队通常拥有数千头骆驼，总货运量可与大型商船相媲美。

虽然亚欧贸易网的陆上商路条件艰苦，流通的一般是价值高的货物，但丝绸并不是唯一的商品。[1]胡椒、肉桂、姜和肉豆蔻等香料也从这里运往西方。印度出售棉花和珍珠，波斯出口地毯和皮革，欧洲输出白银和亚麻，罗马出售高品质玻璃，而红海则带来黄玉和珊瑚。来自阿拉伯半岛南部的乳香、宝石以及靛蓝等染料也被运往整个中亚。

不过，丝绸之路在历史上的重要性还不仅在于商品贸易。这个宽阔的陆上交通网与欧亚大陆南部沿海的海上商路一起，促进了思想、观念与宗教的传播。数学、医学、天文学和制图

---

① 公元550年左右，蚕蛾被走私到君士坦丁堡，新的丝绸产业诞生，中国之前的垄断地位遭到削弱，丝绸在东西方商路上的重要性也随之降低。

学领域的突破，以及马镫、造纸、印刷和火药等新发明和新技术，都沿着这些贸易路线传播到欧亚大陆的各个地方。这些陆路和海路网合起来构成了那个时代的互联网，它们不仅促进了长途贸易，还推动了知识的交流传播。[①]

然而从 16 世纪开始，丝绸之路的重要性就开始减弱，因为地理大发现时代欧洲的水手开辟的全球海上航线完全超越了陆上商路。丝绸之路上古老的贸易中心曾经是世界上最活跃的地方，此时却荒凉且失去了往日的荣光；尽管撒马尔罕和赫拉特等商队中转站如今仍然拥有较多人口，其他许多贸易站却仅存于我们的文化记忆中。之后，沿海港口开始主导全球贸易。

数世纪以来，随着商队越过山口、穿过沙漠，丝绸之路对货物、人员和思想的传播都产生了巨大影响。正是欧亚大陆中部的生态区和景观使整个大陆的社会组织截然不同，在历史上留下了不可磨灭的印迹。

草海

我们之前讲过，大气环流中干燥下沉的气流如何形成了遍布世界的沙漠带（以及喜马拉雅山等山脉背后的雨影效应）。

---

① 这是较为孤立的美洲大陆不曾参与的历史。当 15 世纪末欧亚大陆国家与美洲大陆国家重新建立起联系（这是白令陆桥在上一个冰期末被隔断以来的第一次），亚欧文明在科学认知和技术能力上已经遥遥领先。海路商路带来的千年遗产传承，是其快速发展的一个主要原因。

但是，从两极到赤道的温度梯度还促成了一系列不同的气候带及其独特生态系统。南北半球均分布着这样的水平温度带，而北半球因为陆地面积更大而更为明显。

在地球最北端，也就是靠近北极，横跨西伯利亚北部、加拿大和阿拉斯加的区域，分布着苔原带。极低的温度和较短的生长期使这里一片荒凉，除了斑驳的矮灌木、石南和紧紧攀附在岩石上的耐寒地衣，这里几乎没有其他生命。活动在这里的人类只有驯鹿牧民（或者说驯鹿猎人）。

苔原带以南是针叶林带，即一片茂密的针叶林区。这个亚北极生态区覆盖了加拿大、斯堪的纳维亚半岛、芬兰和俄罗斯的大部分地区，并在最南端的北欧和美国逐渐变为落叶林。针叶林虽然不适合发展农业或饲养牲畜，但却是皮草的重要产地，因为这里生活着水貂、黑貂、白鼬和狐狸等动物。在近代早期的历史中，捕猎者为了获得皮草蜂拥到这片针叶林带，这也使莫斯科成了重要的商贸中心。为了获取皮草，俄罗斯在 15 至 16 世纪向东扩张，横跨西伯利亚，一直延伸到太平洋沿岸和大清帝国的北部边境。到 17 世纪，法国和其他欧洲国家的捕猎者也同样扫荡了加拿大森林。①

在苔原带以南，气候变得温和，再靠近赤道则转为热带。各生态区按照极点到赤道之间的纬度分布，决定了区域内人们从古至今的生活方式和经济状况。其中有一个生态区，对欧亚

---

① 在此期间，北半球经历了被称为"小冰期"的大范围降温，因此保暖的皮草倍受人们的追捧。这一寒冷时期如今留存的痕迹见于法官和市长镶皮毛边饰的制服以及学位袍，这些都是当时的设计。

大陆内陆边缘的文明产生了持久的影响。

在北部寒带的针叶林带与南部的沙漠带之间，是一片辽阔的草原。在欧亚大陆，这个生态区被称为干草原（steppes），与北美洲的大草原位于同一纬度带，而南半球相应的纬度带则分布着南美的阿根廷大草原和南非的草原。

干草原横穿欧亚大陆中心，远离潮湿的海风，几乎没有降水。这里环境极度干旱，大多数树木都无法生存，因此主要植被是耐旱的草原。草原反过来养育了大量有蹄类哺乳动物（我们在第三章中讲到，许多此类动物最初是在该生态系统中出现的）。宽阔的干草原带从中国东北到东欧绵延 6000 多公里，是一片广阔的草海，面积超过整个美国大陆，但某些地方被夹在山脉间，形成狭窄的廊道。鉴于此，它可以大致分为三大区域。

西部大草原或黑海—里海大草原从喀尔巴阡山和多瑙河河口开始，南部与黑海和高加索接壤，一直延伸到乌拉尔山进入里海和咸海几百公里内的地方。（匈牙利大平原被喀尔巴阡山脉阻隔，在西部形成一片独立草原，与大草原并不相连。）中部大草原或哈萨克大草原从乌拉尔山延伸到天山和阿尔泰山，中间穿过准噶尔山口，即丝绸之路北线经过的地方。东部大草原从准噶尔盆地开始，横穿蒙古，再沿戈壁滩的北缘进入中国东北，直到太平洋沿岸的森林为止。①

---

① 如今，人烟稀少的哈萨克大草原成为俄罗斯拜科努尔航天发射场发射火箭的理想场所，载有返航人员的太空舱乘着降落伞降落到这片草海所在的空旷平原上。相较之下，美国国家航空航天局（NASA）只能向东面的大西洋发射，而在航天飞机出现之前，其太空舱将落到北大西洋或太平洋中，供工作人员乘船回收。

干草原不适合人类居住。这里不同季节之间的温度差异很大。在干燥炎热的夏季，气温可能会升高到40℃，且降雨伴随着强雷暴。而在冬季万里无云的天空下，干草原会变为极寒之地，温度可降至–20℃或更低，地面被深雪掩埋，狂风肆虐。但最关键的是，干草原上除了人类的肠道无法消化的草皮外，并没有多少物产能吸引狩猎采集者，还为徒步行人带来了巨大障碍。所以，要想在干草原上生存，不仅需要机动灵活性，还要有制作食物的手段。

骆驼是沙漠地区的理想生物，而横跨欧亚大陆中部的干草原则为马匹提供了理想的栖息地。在1.4万至1万年前，即上一个冰期行将结束时，马匹的自然活动范围急剧缩减，北美的马匹甚至遭到灭绝。随着世界变暖，中东的马匹也灭绝了。随着冰川撤退，整个欧亚大陆北部的大片干草原都被茂密的森林取代，欧洲的马匹仅在少数孤立的自然牧场中幸存下来。但是在中亚的干草原上，马及其他马科动物成为最常见的放牧牲畜，被新石器时代的部落追捕。从考古证据来看，那些部落饮食中40%以上的肉都源自马科动物。

实际上，起初驯养马匹不是为了交通运输，而是为了获取食物。家牛如果看不到雪下掩埋的草，就无法觅食，而羊的柔嫩鼻子只能拱开柔软的雪觅食。因此，即使草料就在它们脚下，它们也很容易在冬季束手无策，活活饿死。然而，马匹非常适应寒冷的草原，它可以用蹄子踏碎带着冰凌的、坚实的雪，吃到下面覆盖的草料，还可以破开冰冻的水面找到水源。确实，人类一开始驯化马匹很可能是因为气候变化，因为欧亚大陆的冬天更加寒冷。于是早在公元前4800年，黑海和里海北部的干草原上就出现了成功的驯化案例。

　　人类学会如何控制和骑乘动物后，彻底改变了历史进程。我们在第三章讲到，正是驯养了食草性哺乳动物（例如绵羊和牛），人类才具有了将草转化为营养丰富的肉和奶的能力。不过，定居的农民只能用有限的草地来饲养牲畜，草量会迅速耗尽。而马背上的牧民拥有广阔的草原，可利用的草地范围更广，因而能够放牧更多牲畜。此外，公元前3300年左右，美索不达米亚传入的实心轮牛拉车，使草原人民能够随身携带所需的一切——食物、水和遮风挡雨的帐篷——长期在广阔的草原上自由游牧。食草类有蹄牲畜、快速驰骋的骑术和牛拉车这种"可移动房屋"组合在一起，为人类在草原上生存打开了新天地。①

　　草原上只在少数河流沿岸较为肥沃的地区才能通过灌溉来培植谷物。因此，这里的人们一般都是牧民——饲养牲畜并随着季节变化在不同的牧区之间不断转场。干草原的平坦地形使陆路活动几乎畅通无阻。亚洲这一核心区属于古老的构造地带，不受最近的板块碰撞影响，而且在侵蚀作用下变得非常平坦。

---

①　马匹以及有轮交通工具组合成的一项重要成果是公元前2000年左右出现的轻巧而迅捷的战车。车前是一支训练有素的马队，车上是矛枪投掷手或弓箭手，这相当于青铜时代的突袭坦克。这种战车彻底改变了战争形式，就像后来发明的火药一样改变了城邦和帝国之间的冲突。但是，当荷马在公元前800年左右写作《伊利亚特》时（特洛伊战争之后约500年），这种青铜时代的军事技术早已过时，取而代之的是队形紧凑的长矛步兵部队或配有复合弓的疾速骑兵部队。战车仅作为威信和力量的象征而留存下来：在波斯、印度、希腊、罗马和北欧神话中，诸神都乘坐战车。直到今天，许多城市仍然保存着带战车的纪念碑，例如卡鲁索凯旋门和勃兰登堡门。

欧亚大陆的南部边缘拥有庞大的山系，但贯穿整个大陆中部的草原上却基本没有任何山体。乌拉尔山是一个例外。它是亚洲少有的南北向山系，隔开了西部大草原和哈萨克大草原，只在山脉南端与里海之间留有狭窄通道。①但除了乌拉尔山，沼泽或森林之类的自然屏障几乎不存在。骑手和马车可以轻松地穿越草原，将草原当作横跨大陆的天然高速公路，而这条"高速公路"影响了整个欧亚大陆的历史。

这些游牧民族与定居在大陆边缘的农业社会处于一种不稳定的关系中，有和平而紧张的共存，也有武装冲突。他们出售牲畜及其副产品——牛、绵羊的羊毛，而最多的是他们在草原上饲养的大量马匹。他们受雇于亚欧其他文明，成为雇佣军，经常助他们抵御边境地区别的游牧部落的入侵。他们还向经过他们土地的商队征收保护费，否则便会发动伏击。但当大批游牧民族走出草原深处，入侵定居在大陆边缘的其他国家时，他们对亚欧历史进程的影响最为深远。

对于这些农业和海洋社会来说，马背上的游牧民族是一个强大的敌人。有时候，他们要求提供数额不大的保护费。还有一些时候，他们突袭并掠夺农场和村庄，在尽可能劫掠之后，又悄然隐入广阔的草原。由于没有足够的骑兵部队，农业社会的军队无法深入草海追赶，而干旱的平原上也没有任何食物支

---

① 乌拉尔山是世界上现存最古老的山脉之一，大约形成于2.5亿至3亿年前，当时西伯利亚板块接续在盘古大陆东侧，标志着超大陆的最终合成。我们在第六章曾讲到塞浦路斯岛上保存良好的蛇绿岩，乌拉尔山也包含着早已消失的古老洋壳碎片，因此拥有丰富的铜矿。

撑步兵作战。因此历史上反复出现这种情况：大批游牧部落组成松散的联盟，从干草原中异军突起，征服定居的文明，甚至一度建立起横跨整个亚洲的庞大帝国。

然而，欧亚大陆的草原人民对周边文明的影响并不限于直接发动军事进攻。作为牧民，他们总在不断迁徙。但当环境中的微妙平衡被打破时（例如人口数量激增或气候变化导致牧场恶化），整个部落就被迫离开原地，去寻找更好的牧场。结果，当游牧部落在这平坦的草原上不断颠沛流离，侵占邻人的牧场，彼此像台球一样相撞、弹开，草原上便掀起一阵阵动荡的浪潮。最终，一些草原民族被迫侵犯定居社会，例如东部的中国东北和华北地区，西部的乌克兰和匈牙利。

因此，欧亚大陆边缘文明（包括中国、印度、中东和欧洲）的历史和命运，始终交织着与来自草原中心地带的游牧部落的反复斗争。斯基泰人（Scythians）是最早使用骑兵的民族之一。这些来自阿尔泰山的人们在公元前 6 世纪至公元前 1 世纪征服了草原诸多地区，不仅向西攻击美索不达米亚的亚述帝国和波斯的阿契美尼德帝国（Achaemenid），还曾与亚历山大大帝交锋。中国内地也不断受到草原民族的侵扰，包括匈奴人、契丹人、维吾尔人、柯尔克孜人和蒙古人。在公元 5 至 16 世纪，草原上一系列游牧民族还远征欧洲，包括匈奴人、阿瓦尔人、保加尔人、马扎尔人、卡尔梅克人、库曼人、佩切涅格人以及蒙古人。

几千年来，干草原就像一口沸腾的大锅，游牧民族就像其中的汤汁，不断溢出锅的边缘，溅入大陆边缘的农业文明区。欧亚大陆的历史充满了这两种文明的冲突，而冲突从根本上源于干草原和肥沃农田之间的自然区别及其产生的不同生活方式，即游牧文明和耕种文明的区别。但也正是大陆的地理环境引导着这些游牧民族循着同样的道路一次次迁徙、入侵。

颠沛流离的民族

就像丝绸之路能穿过狭窄的走廊、山谷和山口延伸一样，地理环境也为武装入侵者进犯文明之地大开方便之门。如果说这些路线促进了陆路贸易，那么它们同时也使亚欧边缘地区的定居社会容易被侵犯和征服。

印度在很大程度上受到喜马拉雅山这座巨大屏障的庇护，但是兴都库什山上狭窄的开伯尔山口却成为入侵者的切入点。我们之前讲过，中国大部分地区也有自然屏障保护，但华北平原的北面却向干草原上的游牧民族敞开，而在西面，入侵者可以穿越准噶尔山口，沿着河西走廊直捣中国的心脏地区。

长城修建的目的就是为了抵御干草原上的游牧民族。公元前221年，随着大一统局面出现，秦始皇便下令加固北部边界，从公元前200年至公元200年，汉朝扩建长城，保护穿越河西走廊和塔里木盆地的丝绸之路。但这条长城气势最为恢宏的残留却是14世纪中期的明长城。从表面上看，长城是两种截然不同的生活方式和文化之间的分界线，即游牧民族和定居民族，野蛮人和文明人。但是从更深的意义上讲，这些防御工事是沿着湿润肥沃的农业土地与大陆中心干燥粗糙的干草原之间的基本生态边界建造的，后者只有牧民才能生存。尽管如此，中国内地还是屡屡遭到游牧民族的骚扰，他们经常穿越准噶尔山口，沿着河西走廊深入内地。正如开伯尔山口为游牧入侵者提供侵犯印度的入口一样，丝绸之路也使中国遭到攻击。贸易通道为入侵者提供了便利。

在欧亚大陆的西部边缘，草原游牧民族主要通过几条低洼的路线和高地通道进犯欧洲。其中一条线从西部大草原出发，沿着安纳托利亚穿过高加索南部和黑海；另一条从黑海以北通向喀尔巴阡山脉，然后或穿过喀尔巴阡山与普利佩特沼泽（Pripet Marshes）之间向北，或沿多瑙河谷向南，两条路线都能将入侵者带入北欧平原的中心。公元4世纪进犯罗马帝国的匈奴人，公元7世纪迁徙至巴尔干半岛的保加尔人，公元9世纪进入匈牙利平原的马盖尔人（Magyars）以及公元13世纪入侵的蒙古人，最初都是沿着这些路线从草原抵达欧洲的。

如果游牧部落与定居社会之间的冲突反映出他们所在环境的生活方式，那么自然界和不同生态系统的分布也决定了草原游牧民族入侵农业社会之后的行动方针。

马背上的民族所带来的巨大威胁在很大程度上归因于他们的流动性。与定居文明行动迟缓的军队相比，游牧民族胜在能够远距离快速行动。但这些来自草原的入侵者面临着地理环境的致命约束。他们的军事能力虽取决于能否部署大量骁勇善战的骑兵，但他们的马匹也需要食粮。在辽阔的草原上，饲养马匹不成问题，然而一旦深入欧亚大陆边缘的农业区，饲养便显得艰难。小块灌溉农田能为人们提供足够粮食，但无法像草原一样饲养大量马匹。

自然所施加的这种约束表明，农耕和游牧这两种生活方式本质上是不相容的，因此，成功劫掠战利品之后，来自草原的入侵者要么被迫退回其广阔的天然牧场，要么从根本上改变生活方式融入定居社会。那么，公元 5 世纪中叶匈奴人入侵欧洲中心区的匈牙利平原——干草原和农业区以及最西端小型草地的生态边界——将其作为他们的行动中心，就不奇怪了。

其他人则放弃了游牧生活。13 世纪，成吉思汗领导的蒙古向外扩张，将奥斯曼土耳其人从草原上逐至安纳托利亚高原。在那里，他们学会了筑造防御工事的欧洲战争方式，还迫使被俘的基督教男童皈依伊斯兰教，组成奴隶军，即著名的耶尼切里军团（Janissaries）。到 13 世纪末，奥斯曼帝国成为基督教国家的主要威胁，而在 1453 年，它攻占君士坦丁堡，终结了拜占庭帝国。

游牧民族冲出草原引发了世界历史上两起最重要的事件：西罗马帝国的覆亡和蒙古族对亚洲的征服。

罗马帝国的兴亡

之前，我们讲到罗马帝国如何在公元 1 世纪时扩张到整个地中海沿岸，以北非的沙漠和欧洲的高山大河为自然边界。但到公元 300 年时，日益壮大的日耳曼部落占领了罗马帝国之外的荒野，威胁着帝国沿莱茵河和多瑙河延伸的整个东北边界。几十年后，局势进一步恶化，一支崛起的草原民族驱赶着这些日耳曼部落跨越罗马帝国边界，引发一系列暴力入侵和被迫迁徙事件。人们普遍认为，这个游牧民族与位于草原最东面、公元前 3 世纪以来不断骚扰中国的游牧部落属于同一联盟——匈奴（Xiongnu）。而这些出现在大陆西部的部落被称为匈人（Huns）。

后来，匈人穿过草原带向西迁移，这极有可能是因为区域性气候变化需要寻找更好的牧场——有证据表明，当时北半球降温，草原出现旱情，畜群和马匹所仰赖的牧草资源减少。匈人在 4 世纪 70 年代到达顿河，在迁移过程中驱赶着其他游牧民族，而后者又迫使东欧的定居农民流离失所。

于是，大量难民沿着莱茵河和多瑙河来到西罗马帝国的边境；不久之后，各种部落都开始涌入罗马帝国，包括勃艮第人、伦巴底人、法兰克人、西哥特人、东哥特人、汪达尔人和阿兰人。

到 4 世纪末，许多部落在匈人的驱逐下像一大股弓形波般四处流散，随后匈人自己也来到罗马帝国的边境地区。他们先着手征服多瑙河以北的部落，而后攻击几乎尚未受到早先部落迁徙和入侵影响的东罗马帝国。从 434 年起，在好战的首领阿提拉（Attila）的带领下，匈人接连攻陷希腊和巴尔干半岛，兵临君士坦丁堡城下。他们虽被这座城市强大的防御工事阻挡，却从帝国收取了巨额赔款。

在东面得胜后，备受鼓舞的阿提拉转而进攻西罗马帝国。他率军沿着多瑙河和莱茵河向西，一路接连攻城略地。公元 451 年，阿提拉入侵罗马高卢（今法国），之后被原本由匈人驱逐出草原的部落和游牧民族联盟击败。但是第二年，阿提拉卷土重来，洗劫了意大利北部平原，并迫使罗马帝国皇帝签署和平协定。两年后阿提拉去世，匈奴帝国（Hun Empire）迅速解散，但它们已然揭开了西罗马帝国灭亡的序幕。

受到这些游牧民族冲击的不仅是罗马人，波斯也遭到游牧部落的猛烈袭击。这些游牧部落源自高加索地区，还洗劫了美索不达米亚和小亚细亚地区的城市。到4世纪末，面对共同敌人的东罗马帝国和波斯抛弃了陈年旧恨，合作建造并戍守一堵巨大的城墙。这堵墙从黑海延伸到里海，长约200公里，墙外有一条4.5米深的壕沟，分布着30座要塞，由30 000名士兵把守。它是史上仅次于中国长城的最长防御屏障，而两座防御工事的建造目的完全相同：捍卫定居文明，防御野蛮部族。

但对于西罗马帝国来说，防御为时已晚。莱茵河和多瑙河沿岸的边界已经失守，一波又一波外来部落越过防线进入帝国境内。西哥特人向南挺进意大利半岛，并在410年洗劫了罗马城。汪达尔人——另一个被匈人驱逐的部落，穿过中欧，越过伊比利亚半岛，侵入罗马帝国北非地区，并于439年占领为西罗马帝国提供粮食的迦太基及周边地区。他们还征服了西西里岛、撒丁岛和科西嘉岛，而在455年，汪达尔人也洗劫了罗马。到476年，西罗马帝国的中央集权已基本瓦解，昔日的领土被东面涌入的日耳曼部落分地而治——法兰克人统治法国和德国地区，西哥特人统治西班牙地区，东哥特人占领意大利地区。经过中世纪，这些王国发展成了现代欧洲的国家。

就这样，西罗马帝国被草原上定居部落和牧民的"大迁徙"摧毁。地理条件再次造成了历史的转折。从根本上说，罗马帝国的覆亡是由于欧亚大陆中部的干草原（适宜马背上的游牧民族）及其边缘的湿润土地（适宜罗马帝国的定居农业）之间的生态差异，再加上草原内部的气候变化引发的移民潮而造成的。

蒙古治世

在 13 世纪，马背上的民族再次改变了整个欧亚大陆的历史进程。草原上的蒙古人在短短 25 年间成功征服的领土比罗马在 4 个世纪中吞并的领土还多。蒙古帝国不仅统一了亚欧大草原上的诸多部落，还征服了中国、俄罗斯和西南亚大部分土地，成为世界上规模空前的陆上帝国。领导这一军事行动的是蒙古东部一位著名部落首领的儿子，名叫铁木真（Temüjin）。但真正著名的却是他的名号：成吉思汗。

中国的北部边界有众多以牧羊为生的游牧民族，成吉思汗便源于其中一支，但到 1206 年，他统一了周围的部落并成为蒙古大草原的主宰。势力巩固之后，他手下大量骑兵开始呼啸着冲出草原，进攻欧亚大陆边缘的文明社会。他们于 1211 年入侵中国北部，随后扫荡了中亚地区。1227 年，成吉思汗去世，但他的继任者在军事扩张上的成就毫不逊色。此后，蒙古人征服了中东地区，接着向北穿过高加索地区，抵达俄罗斯南部和东欧。

他们从这里进犯波兰和匈牙利平原，到达维也纳的近郊，并给整个基督教世界带来了恐慌。但是，欧洲却幸免于难，因为当时的大可汗——成吉思汗的儿子兼继任者窝阔台突然去世，其余领袖不得不撤回他们的首都哈拉和林，推选下一任最高统治者。后来，可汗们没有试图继续征服大西洋——蒙古帝国的实际边界到草原西端即告结束。他们选择再次转向东方，征服整个中国并建立了元朝。元朝的第一任皇帝忽必烈建都上都，即柯勒律治著名诗作中的仙乐都（Xanadu），后迁都北京。①

到13世纪末，蒙古帝国已横跨从太平洋到黑海的整个亚洲。在这一前所未有的扩张活动中，稍加抵抗的城市都遭到了蒙古人极其残忍的对待。整个城市被屠戮，包括男人、女人、儿童和牲畜，只留下空荡荡的街道和堆积如山的头骨。他们故意用这种极端残暴的手段使接下来的城市闻风投降——有关他们野蛮行径的骇人报道总比他们的军队先一步到达。但蒙古人又不全是传言中那般穷凶极恶，一旦平息了抵抗势力，他们就会精心管理被占领的城镇，将其重建起来。可汗对统治下的不同民族也非常宽容，给予其文化和宗教信仰自由。于是，靠最初的铁血手段施威之后，蒙古人逐渐赢得了人心。

此外，最初的暴力征服过后，亚洲的统一开启了整个大陆贸易蓬勃发展的时代。这就是所谓的"蒙古治世"（Pax Mongolica），与"罗马治世"（Pax Romana）相呼应，即一千年前罗马帝国统治下地中海周围稳定繁荣发展的时期。从1260年起的将近一个世纪，蒙古汗国确保商人在亚洲通行安全

---

① 在13世纪和14世纪，蒙古人还多次入侵印度西北地区；但直到1526年，成吉思汗的一位后裔才在这座次大陆上建立了莫卧儿帝国。

无虞，再加上他们的管理技巧和保持低税负的智慧，均促进了商业发展。早期入侵的游牧民族依靠掠夺战利品或从农业文明中勒索贡品获利，但蒙古可汗们意识到，商业贸易中的利润远比抢劫来得多。在此期间，丝绸之路沿线的商业繁荣发展，商队不仅沿着中亚的古老沙漠路线行进，还向北抵达蒙古首都哈拉和林并穿越牧草丰茂的干草原。蒙古人使东西方紧密地联系在一起，这是前所未有的壮举。

因此，香料和其他奢侈品涌入欧洲。在蒙古治世期间，高炉也被引入西方，蒙古人还将中国的火药带到欧洲，彻底改变了战争的性质。但是，亚洲的统一和整个大陆的便利交通还对历史产生了另一种深远影响。其他更具破坏性的事物也进入了整个欧亚大陆的通行动脉——疾病。

黑死病源于干草原，并在 14 世纪中叶席卷了这个东西交通的世界。它分别于 1345 年和 1347 年传入中国和君士坦丁堡，之后又随商船抵达热那亚和威尼斯，并于次年夏天扩散到北欧。由于粮食收成持续不佳，人们原本已经缺乏营养，黑死病又恰好发生在"小冰期"第一波寒潮的初期，所以很快被这种疾病吞噬。在短短五年内，黑死病灭减了欧洲和中国至少 1/3 的人口，也摧垮了中东和北非。仅欧洲就有大约 2500 万人死亡。

蒙古汗国同样受到黑死病的重创，他们对权力的控制已被内部敌对势力削弱。在中国，元朝于 1368 年被明朝推翻，而在整个欧亚大陆，庞大的蒙古帝国分裂成许多小国，经济政治统一的盛况不复存在。草原再一次变成各种游牧部落的大杂烩，东西方之间的通路也随之崩溃。但是在西欧，黑死病反而带来了一些有益的结果。由于人口急剧减少，许多地主失去了佃户，因此被迫调低租金并雇佣更为自由的农民。劳动力短缺还意味着手工业者和农业工人可以挣得更高的工资。这就动摇了封建制度下的农奴制，提升了西欧的社会流动性；当时在西欧人口众多、商业繁荣的城镇中，行会已经有了相当大的影响。[①]这种源于草原并随着蒙古人维护的贸易路线传播的黑死病，不仅动摇了封建制度的基础，还有助于建立一个截然不同的、流动性更强的社会。

蒙古这一超级大国的征服活动对欧洲历史还产生了其他深远影响。他们在西征时，摧毁了中亚伟大的伊斯兰帝国——花刺子模王朝（Khwarezmids），屠戮了撒马尔罕、梅尔夫和布哈拉几座贸易中心，并且毁灭了阿拔斯王朝首府巴格达。但至关重要的是，蒙古人并没有继续深入欧洲。所以威尼斯和热那亚等港口仍然是西方的主要商业中心，在中世纪后期和文艺复兴时期，不断积聚着财富和权力。通过毁灭欧亚大陆古老的伊斯兰帝国而使欧洲免遭破坏，蒙古人实现了该地区的力量平衡，欧洲抓住崛起的机会，发展速度开始超越伊斯兰世界。然而，当 1453 年奥斯曼帝国攻陷君士坦丁堡时，拜占庭帝国已经苟延残喘了一个多世纪，后来的穆斯林统治者支配着整个地中海东部，封锁了从东方进入欧洲的贸易路线。正因如此，探索时代的欧洲水手们开始向西寻找通往中国和印度的新航线，下一章

---

① 相比之下，东欧的地主拥有更多权力，能够用更严格的农奴制约束幸存下来的农民。

将会讲到。

一个时代的终结

几千年来，游牧民族都以草原这片辽阔的旷野为家。这里的草原养育了无数骁勇善战的骑兵，对欧亚大陆边缘的农业文明造成威胁。但是从 16 世纪中叶起，先是文艺复兴时期的欧洲各国，后是俄罗斯和中国，开始彻底打破农耕和草原文明之间的力量平衡。这一变化的关键在于整个军事相关领域的发展，即所谓的军事革命（Military Revolution）。农耕诸国学会将火药有效地运用到枪炮上，进行统一军事演练，为战场提供毁灭性的火力，还建立起广泛的后勤体系，保障部队的物资供应，并以其经济力量培养越来越多的常备军。这些创新使军事力量得以集中，使统治者可以巩固政权，使领地可以统一为单一主权制国家，标志着现代的国家开始形成。

草原社会无法与这种军事进步相抗衡。他们可以购买枪支，就像过去农业社会从他们手里购买马匹一样，但由于其经济远不如实力雄厚的农业国，购买力也极其有限。于是，力量的天平首次从游牧社会向农业社会倾斜。18 世纪 50 年代，清朝击败准噶尔地区的蒙古部落联盟，游牧民族势力至此全部消亡。草原民族的军事威胁终于得到遏制，亚欧历史上这段漫长的篇章也终于结束。草原上再也不会出现另一个游牧民族帝国，也无法再为农业文明带来生存危机。

　　相反，草原边缘的农业文明开始越来越多地渗透到这些开阔的草原，在草原上定居、耕作，进一步提升经济水平。俄罗斯和中国均扩展到这个中间地带，导致两国的边界彼此相接。尤其是俄罗斯，它扩张到蒙古帝国以前统治的草原，变成一个强大的超级大国，但它并不依靠草原饲养牲畜和马匹，而是通过开发草原上丰富的矿产资源，并利用数千年来草皮生长所培育的营养丰富的黄土土壤，开发高产的农田。不断壮大的俄罗斯帝国逐渐将里海和黑海北部的东欧大草原变为大片摇曳的金黄麦田。到 20 世纪 30 年代，这些土地已具有重要的战略意义。①

　　1941 年 6 月，希特勒入侵苏联的主要动机，除了占领高加索地区的重要油田，还要夺取之前北部草原区的肥沃农田。它不仅拥有巨大的农业潜力，还能满足希特勒想要获取 Lebensraum（德语，为德国人民提供持久的"生存空间"）的愿景。

　　巴巴罗萨行动（Operation Barbarossa）最终以失败收场，德国国防军遭遇挫败的原因有三：一是战线过长，后勤补给不

---

① 在本章中，我们重点介绍了横跨欧亚大陆中部的草原，但是北美也拥有相同的生态区域。美国正中央即是一条宽阔的草原带，包括内陆的干旱地区和落基山的雨影区。之前讲到，与欧亚大陆相比，北美的生物遗产贫乏。马匹在其出生地已灭绝，也没有牛或羊滋养草原游牧民族。美洲原住民在草原上猎捕的重要哺乳动物（野牛），却无法驯化。大约 4000 年前，北美地区东部已开始培植南瓜和向日葵等几类结种子的植物，但是地球上辽阔的草原带，从未被用来发展农业。然而，在欧洲人征服美洲之后，一切都发生了改变，殖民者带来了旧世界的家畜和农作物。事实证明，西部较干燥的大草原是理想的天然牧场，而在过去的两个世纪中，借助钢刃犁、先进的灌溉技术以及人工肥料和杀虫剂，东部大草原已经跻身世界上产量最高的耕地之列。

足；二是草原冬季的酷寒气候；三是红军。但是希特勒的野心足以说明过去几百年草原地区发生的深刻变化——从威胁欧亚大陆定居文明的游牧民族所栖居的荒野，转变为如今对供养这些定居文明至关重要的肥沃耕地。①

在欧亚大陆上相当长的历史时期内，来自草原的游牧社会与周边地区的定居文明反复发生冲突，这源于二者生态和气候上的差异，两个地区对比鲜明，分别适合骑马游牧与发展定居农业。跨越北非和阿拉伯沙漠的陆上贸易路线，以及横贯欧亚大陆的丝绸之路，也主要受一种特殊气候带的影响——大气环流中的干旱、下沉气流形成的沙漠带。全球环流也为世界各地带来了盛行风，后来欧洲人将其绘成图表并应用于探索时代，建立起了庞大的海上贸易网和强大的海外帝国。

---

① 2016 年，俄罗斯成为世界上最大的小麦出口国，其中大部分原自黑海以北的草原地区，出口到中东和北非。

第八章　行星风系与地理大发现

　　探索时代始于欧亚大陆最西端的伊比利亚半岛，它位于整个大陆商品与知识流通网的外围。其时葡萄牙和西班牙尚未建国，半岛上的王国只能羡慕热那亚和威尼斯等地中海港口城市流转的财富。公元711年，倭马亚王朝（Umayyad Caliphate）穿过直布罗陀海峡侵入半岛之后，伊比利亚大部分地区在整个中世纪都处于伊斯兰势力的控制之下。[①]在收复失地运动（Reconquista）的几个世纪中，半岛的基督教王国纷纷扩张，葡萄牙王国到13世纪中叶获得了西海岸的全部领土。但它仍受制于面积更大、更富裕的邻居卡斯提尔（Castile，西班牙古国），眼前只有未知的大西洋。

　　葡萄牙人不断越过直布罗陀海峡进行圣战，并于1415年占领了摩洛哥北端的穆斯林港口——休达（Ceuda），即横穿撒哈拉沙漠的商队的一个终点站。葡萄牙人正是在这里开始认识到，如果他们能绕过伊斯兰世界，用自己的船载着这些黄金和奴隶

---

①　"直布罗陀"这个现代名称源于阿拉伯语加巴尔·塔里克(Jabal Tariq,"塔里克山"之意)，因征服此地的穆斯林将军而得名。在古代，直布罗陀被视为一根海格力斯之柱（Pillars of Hercules），另一根是北非海岸的阿比拉山（Mount Abila），这两根柱子标志着已知世界的边界。随着欧洲向大西洋扩张，直布罗陀海峡成为重要的海上咽喉，控制了通往地中海的通道。

对外交易，将会获得难以想象的财富。于是他们开始探索西非海岸线，寻找金矿。不久之后，一些水手便设想是否可以一路南下，绕过非洲南端到达印度，攫取香料贸易的财富。

后来，到 15 世纪后期，卡斯提尔和阿拉贡王国合并为现代的西班牙。1492 年，他们占领了格拉纳达的最后一个摩尔人据点，完成了对半岛的收复，并与葡萄牙一起在大西洋上寻找新的海外贸易路线和领地。[①]

洋流

在远离欧洲和非洲海岸的大西洋中，坐落着四个小群岛：加那利群岛、亚速尔群岛、马德拉群岛和佛得角群岛。在罗马人看来，加那利群岛就是已知世界的尽头，[②]但是在黑暗时代（中

[①] 西班牙开启探索时代比葡萄牙晚得多的原因也可归结为板块构造。之前讲过，地中海区域的板块构造非常复杂，这是由于非洲板块向北俯冲到欧亚大陆板块之下，造成特提斯海消失而形成的，其间许多陆块的小碎片也被卷入了碰撞区。其中一个陆块就是阿尔沃兰微大陆（Alborán），在过去的 2000 万年中，它一直向西移动，挤入西班牙的东南边缘，隆起形成内华达山脉（Sierra Nevada）。正是在这片易守难攻的崎岖山区，伊斯兰统治的最后堡垒——格拉纳达酋长国（Emirate of Granada），在伊比利亚半岛其余地区都被基督教复地运动收回后，又维持了 250 年。葡萄牙王国占据了半岛西侧较平坦的地带，到 13 世纪中叶疆域已经稳固，转而能将精力投入海上探索，而西班牙仍然陷于国内更为棘手的复地运动，直到 15 世纪末。

[②] 它们的名字来自拉丁语"狗之岛"，实际上可能是指曾经拥挤在群岛岸边的大型海豹。而加那利群岛的名字则源于岛上特有的金丝雀鸟。

世纪），人们似乎遗忘了它们——地图上毫无踪迹。到 14 世纪末 15 世纪初，葡萄牙和西班牙水手离开伊比利亚半岛向外探索，才重新发现了它们以及其他先前未知的群岛。他们发现，距摩洛哥海岸仅约 100 公里的加那利群岛已有土著部落定居，他们可能是北非柏柏尔人的后裔；而当葡萄牙人抵达较偏远的亚速尔群岛和佛得角群岛时，岛上却荒无人烟。

　　进行海上探索的伊比利亚水手不久便遇到了加那利洋流，从而沿着非洲海岸驶向西南方。在北纬 30°附近，东北盛行风又将其带到加那利群岛。这条摩洛哥沿岸的航路是由有利的洋流和风形成的一条古老航路，腓尼基人曾驾驶着他们的划桨帆船沿着非洲的西北海岸进行贸易活动。2000 年后，这些海上冒险的欧洲水手面临的问题是如何返乡。如今的帆船不再需要出卖苦力的桨手，可以装载更多的补给和货物，但逆流或逆风却是一大难题。

　　葡萄牙航海家的重要发现被称为"洋流"（volta do mar），即海水的转弯与回还。为了从摩洛哥沿岸或加那利群岛向东北返回葡萄牙，他们转而向西进入大西洋。这乍一看似乎不可理喻，但加那利洋流越远离海岸越弱，船行到北纬 30°时，就可以利用盛行的西南风一路返航。而在返回加那利群岛时，这些水手又利用不同区段的洋流和大气环流条件。这是因为加那利群岛恰好位于地球上东北信风和西南信风的交界附近。

　　我们稍后会讲到这一点，现在我们先要解释风和洋流命名方式中一个令人困惑的状况。风是由吹来的方向决定的，因此北风指的是自北向南的风。而洋流的名称则相反，是由其前进的方向决定的。因此，北向洋流指的是从南部发端，将人带向北部的洋流。这可能令人非常困惑，但确实具有一定的道理。在陆地上，风的来向非常重要，可以判断暴风雨从哪里席卷而来，或者风车应面对哪个方向。但对于一艘被洋流裹挟的船来说，重要的是前进的方向，尤其是当前方有能威胁到船只的礁石或浅滩时。

如果你在开放海域中沿着一股宽阔的环流从加那利群岛返回伊比利亚海岸，将会抵达马德拉群岛。虽然马德拉群岛距葡萄牙更近，但最先被发现的却是加那利群岛，因为欧洲船只在盛行东北风的吹拂下可以从直布罗陀海峡直接抵达。随着更多的葡萄牙探险队在非洲海岸越走越远，他们乘着更宽阔的洋流来到大西洋中部，发现了亚速尔群岛。这个群岛距伊比利亚半岛边缘约800公里，而且这里有另一股洋流（葡萄牙洋流），可将船只带回港口。最后，佛得角群岛距非洲大陆西部的凸出部分不远，那里是撒哈拉沙漠与中非茂密的热带雨林的交界。该群岛的名字意为"绿色海角"，于1456年被葡萄牙人发现。

与位于大陆架上，由于海平面上升而与大陆隔离开来的怀特岛、马略卡岛或斯里兰卡岛不同，这些大西洋群岛孤立在海洋中——它们是海底火山露出水面的峰顶。实际上，亚速尔群岛便是大西洋中脊最高火山的峰顶，这座位于洋壳上的巨大火山可一直延伸到冰岛。①

大西洋群岛成为伊比利亚探险家们的重要中转站，即他们在海洋中的踏脚石。特别是加那利群岛，能为船只提供重要的物资和淡水补给，供它们驶向更远的地方。返航途中类似的补给站则是亚速尔群岛。非洲海岸和这些群岛之间的早期航行成为欧洲水手们的重要训练场，他们在这里提升了能力和信心，开始尝试航向更远的未知之处。也是在这里，他们开始了解地球的海洋和大气层中的大规模环流，并学会利用这些洋流和风的流动模式。

不过这些群岛本身也具有经济价值。它们的气候和肥沃的火山土壤非常适合种植甘蔗等农作物。马德拉群岛最初覆盖着茂密的森林（其名字在葡萄牙语中意为"木头"），但这森林很快被葡萄牙水手砍掉，清理出的土地栽植了葡萄和甘蔗。到 15 世纪末，马德拉群岛每年生产近 1400 吨糖，种植园中从事劳作的是从非洲大陆带来的奴隶。因此，大西洋诸岛在探索时代起着举足轻重的作用，但它们的"发现"也揭开了欧洲扩张最丑陋

---

① 孤立的火山岛在历史上发挥了重要作用，它们作为广阔海洋中的小块陆地，具有重要的战略价值。南大西洋的圣赫勒拿岛是另一个从大西洋中脊诞生的火山岛，也是世界上最偏远的岛屿之一。它成为东印度公司从印度和中国返航的船只的重要中转站，也正是在这里，英国囚禁了在滑铁卢战役中战败的拿破仑。在现代历史上，太平洋中部的夏威夷群岛火山链对美国具有重要的战略意义，那里有美国建立的飞机场和海军基地。1941 年12 月，日本人袭击了瓦胡岛潟湖中珍珠港的船只，将美国卷入第二次世界大战。六个月后，夏威夷岛链最西北端的岛屿之一———中途岛（Midway）———的轰炸袭击使日本舰队一蹶不振，从而成为扭转太平洋战争的决定性因素。

的一面：领地征服、殖民主义和依靠奴隶劳动的种植园。

抵达风暴角

如果你查看地图，就会发现博哈多尔角（Cape Bojador）似乎不过是西非凸出海岸线上的一个凸起而已。然而，这个看上去无害、平缓的岬角曾被认为是沿非洲海岸航行可以抵达的最南端，因为这里航海条件极端恶劣，在阿拉伯语中被称为"危险之父"（Abu Khatar）。

当时的航海传统是沿海岸线航行。靠近海岸线可以定期获得食物和淡水，而且更重要的是有地标可依。但是在博哈多尔角附近，摩洛哥沿岸的和风被猛烈的东风取代，船只有可能被风吹到远洋。[①]此外，岬角处宽广的水下沙洲从海岸向外延伸20多英里，使沿岸水域的深度只有几米。然而，如果远离海岸线躲过这些危险，船只却可能被卷入更强的洋流，离陆地越来越远。

后来到 1434 年，葡萄牙航海家吉尔·埃阿尼什（Gil Eanes）提出了一种革命性的新方法，即随洋流航行（current sailing），终于得以绕过博哈多尔角。为了在复杂的风向和洋流中朝理想的方向前进，你需要考虑到看不见的洋流对船舶航向的偏转。埃阿尼什唯一能做的就是在出发前仔细测量加那利

---

① 大多数气流是不可见的，但是在撒哈拉沙漠中，空气里可以清楚地看到风，因为它裹挟着厚重的尘土。这种风大约需要一周的时间穿越大西洋，然后尘土颗粒沉降下来，使亚马孙雨林的土壤更加肥沃。

洋流的方向和速度，然后在沿途几处收起船帆或抛下锚来观察当地的洋流，并对航行路线进行必要的更正。埃阿尼什一开始可能已经猜到了更正后的补偿路线，或者像现代水手那样，已经通过在航海图上绘制三角形计算出了补偿路线：标出当前位置和目的地之间的连线、洋流对船舶的偏转线，然后用第三条线将二者连接起来，这就是补偿洋流偏转的实际路线。试图了解洋流模式的葡萄牙航海家因此征服了博哈多尔角。逐渐掌握洋流模式后，他们获得了离岸航行的信心。

找到绕过博哈多尔角的路线后，越来越多的葡萄牙探险队穿过西非海岸，稳步向南推进，此间发现了塞内加尔河以及离岸 570 公里的佛得角群岛。到 1460 年，葡萄牙人已经沿着非洲海岸向南航行了 3000 公里，正在绕过西非巨大凸起的边缘进入几内亚湾。在这里，几内亚暖流将它们带向东部。探险家们发现，自从离开加那利群岛南下之后，东北盛行风一直十分可靠。但他们现在不得不应对赤道无风带轻柔多变的微风。

1474 年，葡萄牙船只抵达非洲海岸再次向南转弯的拐点。他们越过赤道后不久，就发现北极星消失了。北极星是小熊星座（小北斗星）中的一颗亮星，位于北极正上方。如果你想算出自己的纬度，即距离赤道有多远，只需测量夜空中的北极星和地平线之间的夹角即可。但是这颗星星消失之后，水手们面前不仅是一片未知的海域，还是一个奇异的新世界，他们的航海术在这里甚至也不再起作用。葡萄牙人因看不见北极星而创造出了一个词——desnorteado（"找不到北"），该词很快就具有了更普遍的含义，即迷失或困惑。①不过，随着葡萄牙水手沿着非洲海岸继续向南，他们在地平线上看到了南十字星，这个明亮的星星在南半球可发挥类似的指引作用。

在葡萄牙人继续探寻这个神秘大陆最南端的过程中，每个船队都定期靠岸，收集有关当地的地理和语言信息，以及最重要的——可交易的商品信息。他们的船只还带着石柱，竖立在每次探险到达的最远处。这些不仅是为了满足伟大的葡萄牙王国的领土要求，还成为后来航海者所要超越的对象。在15世纪，这些装在颠簸的帆船中、随船不断开拓新的疆域的小小纪念物，就相当于美国宇航员在执行阿波罗登月任务时所举的旗帜。

但是，第一次成功绕过非洲南端的航行与这种缓慢的沿岸探险有质的不同：它采用的是全新的手段。

1487年的夏末，巴尔托洛梅乌·迪亚士（Bartolomeu Dias）从里斯本出发，经过加那利群岛，绕过博哈多尔角，沿着经过数十年探险已十分熟悉的非洲海岸线航行。四个月后，迪亚士经过了石柱，也就是先前探险队到达的最远端。他沿着海岸线继续向南，并为圣徒节后遇到的海湾和海角命名：圣玛尔塔湾（12月8日）、圣多美（12月21日）、圣维多利亚（12月23日）等等。它们就像日戳一样在地图上标记着他的进度。而在圣诞节那天，他以旅行者的守护神的名字命名了圣克里斯托弗湾。

---

① 它在英语中的同义词源自法语，失去方位等于"迷失方向"——找不到太阳升起的地方（东方）。

在沿海岸线南下的整个过程中，迪亚士的船一直在逆行，既要对抗不断吹拂的南风，又要抵御沿海岸线向北涌动的洋流。然后迪亚斯做出了一个重大决定。他命令船队远离陆地，驶向广阔的海洋，放弃海岸所给予的舒适与安全。他想利用从北非海岸返航时避开加那利洋流的相同技巧，沿海上环流驶入开放海域，去利用盛行西风——南大西洋应该也可以带着他们绕过非洲最南端，找到通往东方的通道。

迪亚士的灵光乍现得到了回报，在南纬38°附近，他渴求的西风开始增强。船终于随着西风驶向东面，在漫无边际的南大西洋中漂了近一个月之后，船靠岸了。沿着海岸线，他们意识到海岸呈东北向延伸。他们成功地绕过了非洲最南端，来到了这片广阔大陆的另一侧。但当船上的物资耗尽，迪亚士被迫竖起最后的石柱标志，开始返航。直到返航途中，他才真正看到了他确信的非洲大陆最南端。他将其命名为"风暴角"，代表着大西洋和印度洋交界处的狂风恶浪。迪亚士回国后，国王若昂二世将其改名为好望角，以免挫败下一波探险者。[①]

迪亚士的航行改变了历史进程。首先，他证实古典地理学家托勒密是错误的，非洲确实有尽头。因此，绕开伊斯兰世界，建立从欧洲直抵印度洋财富的海上航线切实可行。其次，也同样重要的是，他发现了南大西洋中的西风带，可以使水手们平

---

① 若昂二世的主要对手——卡斯提尔王国的伊莎贝拉女王（Queen Isabella，后统一了西班牙）也许给予了他历史上最伟大的称号。她只称呼他为"那个人"，这个称号比布鲁斯·斯普林斯汀的绰号（"老板"）要好得多……

稳地绕过非洲最南端。原先是沿着非洲海岸线南行，并在越过赤道后对抗北向洋流，如今可以沿着宽阔的环流进入大西洋中部，就像从北大西洋的加那利群岛返航时利用洋流一样。南大西洋也有类似的洋流——北半球和南半球的风带呈对称分布。欧洲航海家们首次了解到地球海洋和大气层中的大规模环流模式，他们很快对此有了更深刻的理解，并开始加以利用。

发现新世界

当葡萄牙人在寻找绕过非洲最南端通往东方的航线时，一名热那亚航海家却计划反向而行，并积极寻求资助：他相信一直向西航行可以到达东方。最后，卡斯提尔王国的伊莎贝拉女王赞助了他，女王在 1469 年与阿拉贡国王费迪南德二世结婚，将两大王国合并组成了西班牙。赞助人称其为克里斯托瓦尔·科隆（Cristóbal Colón），而在英语中，我们叫他克里斯托弗·哥伦布。

与今天的普遍认知相反，中世纪受过教育的人都不认为地球是平的。公元前 3 世纪，在亚历山大图书馆工作的希腊地理学家、天文学家和数学家埃拉托斯涅斯（Eratosthenes）认识到世界是一个球体，并计算出其周长为 250 000 视距，约 44 000公里，非常接近准确数值。确实，水手通过星星来导航从而标绘其纬度的技术就是基于地球是球形的认识。哥伦布也不是第一个提出从欧洲向西航行可以到达印度的人，罗马地理学家斯

特拉博（Strabo）在公元 1 世纪已经提出同样的假设。而且有
证据表明，水平视域外确实存在着其他地方。大西洋群岛的报
告中曾提到西方漂来的物体：不熟悉的树木、独木舟和尸体，
尸体的外表看起来既非欧洲人也不是非洲人。

　　为了确保对探险队的财政支持，哥伦布必须让潜在的赞助
人相信他提议的航程是可行的。但是，在完成航程之前，如何
估算出从欧洲西端向西航行到中国或印度的距离呢？已知地球
的周长，然后减去从欧洲到东方的陆路距离即可——丝绸之路
的商旅清楚欧亚大陆的大概宽度。但问题在于，这些计算得出
的海上航程约为 19 000 公里，在顺风顺水的情况下需要航行约
4 个月。当时完全不可能完成这样一次航行。如果没有陆地补
给新鲜物品，船根本无法携带足够的食物和清洁水来维持船员
在开放海域的生存。

　　哥伦布没有气馁，他像所有信仰坚定、毫不动摇的信徒一
样耍了花招。他篡改了数字。他采用了当时测算出的地球周长
的最低值、欧亚大陆宽度的最高值，如此得出的海上航程大大
缩短。他使用的是佛罗伦萨数学家和制图师保罗·达尔·波
佐·托斯卡内利（Paolo dal Pozzo Toscanelli）测量的数据，
托斯卡内利不仅严重低估了地球的周长，测算结果比实际少了
1/3，还认为日本位于中国东面 2400 公里处，大约位于远洋航
程的中段。哥伦布辩称，从加那利群岛向西仅需航行 3900 公里
就可以在日本诸岛登陆，在海上航行一个月足够了。

　　事实上，哥伦布声称东方就在亚速尔群岛所在位置的不远
处。他从未考虑过可能存在一个未知的大陆：按照他的计算，

大西洋中根本没有空间再容纳一个新大陆。

然而，葡萄牙人拒绝赞助他的探险队。若昂二世的谋臣认为哥伦布给出的数字远低于实际值，航行计划过于草率。而且巴尔托洛梅乌·迪亚士刚刚成功绕过了好望角，向葡萄牙展示了经由非洲航线通往印度洋的门户。热那亚、威尼斯和英国也拒绝赞助。但最终，哥伦布对西班牙王室的数次游说取得了成果。伊莎贝拉王后的谋臣认为，这一计划可能风险较高，但也可能带来巨大的收益。而且，哥伦布的这次机遇在一定程度上也是种无形的历史巧合。

1479 年的《阿尔卡索瓦什和约》（Treaty of Alcáçovas）结束了卡斯提尔王位继承战争，它规定加那利群岛归卡斯提尔所有，而葡萄牙人保留马德拉群岛、亚速尔群岛和佛得角群岛。该合约禁止卡斯提尔的船只登陆这些群岛，这显然有利于葡萄牙人对大西洋的统治。实际上，葡萄牙人享有加那利群岛以南已知或将来发现的任何土地的所有权。如果卡斯提尔想攫取领土和贸易利益，便不得不向西航行。碰巧的是，加那利群岛正是横跨大西洋航行的船舶的理想起点。

如果哥伦布的提议被若昂二世国王接受，他很可能会从亚速尔群岛开启向西的冒险征程。亚速尔群岛位于马德拉群岛和加那利群岛以西约 850 公里处，我们现在知道它们其实处在欧洲西侧到美洲海岸大约 1/3 的位置。但亚速尔群岛也比其他大西洋群岛更偏北，在这一纬度上盛行风向东吹拂——对任何穿越大西洋的航程都不利。而加那利群岛位于东北信风带，到加勒比海全程顺风。纯属机缘巧合，伊莎贝拉的支持（以及《阿尔卡索瓦什和约》）决定了哥伦布启程的群岛恰好位于美洲的上风向。如果他的探险从亚速尔群岛启航，可能早已葬入深海。

　　1492 年 8 月 3 日，哥伦布的三艘船从帕洛斯·德拉弗龙特拉港口（Palos de la Frontera）起锚，向西南航行至加那利群岛。他在这里重新补充了物资，对船舶做了些微修补，便掉转船头迎向日落方向。五周后，在东部信风的助力下，他们跨越了茫茫大西洋，在巴哈马群岛登陆。①之后，哥伦布继续向西南行进，探索古巴和伊斯帕尼奥拉岛的海岸线。他听说有民族居住在小安地列斯群岛上，西班牙人称之为 cariba 或 caniba，随后演变出加勒比（Caribbean）和食人族（cannibal）两个词。②

　　在探察这些岛屿四个月之后，哥伦布准备返航，去接受他所期望的财富和荣誉。但是，如何从一片从未到过的海域返航呢？哥伦布首先尝试原路返回，但他很快意识到，船队很难抵抗来时为他们助力的东风，而且在靠岸前很可能会耗尽物资储备。他决定转而向北，到中纬度地区后，他遇到了亚速尔群岛所在的同一西风带，从而顺利回到了欧洲。早在哥伦布出生之前，葡萄牙水手们就对非洲海岸进行了数十年孜孜不倦的探索，发现相邻纬度带的盛行风向相反，如果不了解这一情况，哥伦布的探险不可能成功。在隆冬时节穿越大西洋，疲惫的水手们

① 就这样，哥伦布仅用一个多月就穿越了板块构造 1 亿多年才形成的海洋。

② 他还从西印度群岛的土著人那里引入吊床，改变了之后数百年间欧洲水手在船上的休息方式。

遭遇了猛烈的风暴，但是航行一个月后，哥伦布的船只安全抵达亚速尔群岛，并从那里返回了西班牙。

哥伦布一共西行四次，绘制出了加勒比海热带群岛的轮廓，但直到第三次探险他才真正踏上了美洲大陆，即今天的委内瑞拉。不过，哥伦布到生命终点仍然以为自己抵达的是东方。

到16世纪初，欧洲水手已经绘出了数十座热带岛屿的轮廓、南美洲越过赤道的漫长海岸线以及陆地上的大河（说明它们流经内陆的广袤地区）。其他探险家报告说，北方也有大量土地。西班牙企图从加那利群岛向西开辟通往亚洲新航线的做法激励着英国国王亨利七世，他随后派遣威尼斯航海家乔瓦尼·卡博托（或约翰·卡博特）进行远征，以寻找另一条穿越北大西洋的航线，该航线最终抵达纽芬兰。

很明显，哥伦布并没有到达东方，但他发现的究竟是什么地方呢？欧洲人开始意识到，也许西面的陆地拥有连续的海岸线，也就是说，他们偶然发现的不是一系列新岛屿，而是整片大陆———一个完整的新世界。

行星风系

葡萄牙人花了大半个世纪向南探索非洲海岸，终于找到了大陆最南端和通往印度洋的门户。而自1492年发现美洲大陆后仅仅一代人的时间，欧洲水手们就横跨了世界上所有的大洋，完成了首次环球航行。这场航海革命预示着如今全球经济的诞生。

所有这一切都要归功于水手们对全球的风和洋流模式的掌握，它们决定了为欧洲带来巨额财富的贸易路线。但这些盛行风向交错且吹拂起巨大洋流的不同风带究竟是如何形成的呢？

地球上温度最高的地方是赤道，全年直射阳光最多。赤道表面附近的空气受热上升，随着上升冷却，水分凝结成云层，然后变为雨水降落。在高空中，冷却的气团分别向南北扩散，仿佛大气中的丁字路口。两股气流分别向南半球和北半球行进约3000公里，然后再次沉降到地面，这时候空气非常干燥，降落的地方大约为南北纬30°——大概位于赤道到两极的1/3处。这两条气压带被称为副热带高压带，因为空气下沉导致气压升高。而赤道则因为暖空气上升，形成了赤道低压带。

然后，空气在南北纬30°的副热带高压带又变成地面风流回赤道，完成垂直大气环流。这条可靠的风带对欧洲人抵达美洲至关重要，它与上一章讲到的世界上巨大的热带雨林带和中纬度的沙漠带处于同一个大气环流中。这两个巨大的大气环流圈，就像家中散热器周围的对流气流一样，被称为哈德里环流圈（Hadley cells），它们的工作方式类似成对的齿轮，被赤道隔开后按相反的方向旋转。哈德里环流圈靠赤道的暖空气驱动，如同一台强大的热力发动机，其原理与蒸汽发动机或汽车中的内燃机并无区别，只是其额定功率约为200万亿瓦，相当于如今全球人类文明使用的总电力的10倍。

但还有另外一个重要因素影响着地球上的风。地球及其大气层在自转，因为地球是一个实心球体，所以赤道地区的运动要比高纬度地区的速度快。因此，当空气从副热带高压带返回赤道时，下方的地面自西向东转得越来越快。地面与大气之间发生少量摩擦，这种摩擦力开始将空气拖曳到地表，但它们无法赶上地面转动的速度，因此吹向赤道的风就落在后面，大都偏转到了一条向西弯曲的路径上。这就是所谓的科里奥利效应（Coriolis effect），它会影响在旋转球体表面上移动的任何物体，例如弹道导弹的路径。换句话说，当你乘船在热带水域上航行时，盛行风似乎是东风，但更准确地说，这是你和地表正迅速穿越大气层而感到的气流，或者说像你打开顶篷飙车时，穿过头发的风。

北半球吹的所有风都会被科里奥利效应偏向右侧，而南半球会偏向左侧。因此，在北纬 30°与赤道之间，盛行风沿着偏转的路径向西南吹拂，术语叫作东北风。南半球也是如此：沿着地表向北返回赤道的空气向西偏转，形成盛行东南风。这些东风被称为信风，由于它们从热带反复稳定出现，对航海者来说至关重要。[①]

现代大气科学家将回归的东北信风和东南信风在赤道附近交汇的地方称为赤道低压带（ITCZ）。对水手们来说，这就是赤道无风带。这里的气压很低，只有微风吹拂或一片沉寂，15 世纪后期葡萄牙水手越过赤道沿非洲沿岸南下时首次经过这一区域。该区域对于那些靠风力或洋流前进的船来说简直是灾难。

---

① 不过奇怪的是，这些风的名称并非源于商业意义上的"贸易"。实际上，该术语源于 16 世纪的一种特殊用法：风"吹动贸易"（blowing trade）意味着它的方向是恒定的。因此，信风的风向是恒定的，理解该词对我们理解海洋探索和贸易非常有用。

他们会发现自己连续数周滞留在这个无风带，在这个闷热潮湿的赤道地区，这不仅意味着货物要延迟到达港口，船员还可能因为船上淡水供应耗尽而死亡。塞缪尔·泰勒·柯勒律治在《古舟子咏》中曾描绘过处于太平洋无风带的水手们的绝望：

> 过了一天，又是一天，
> 我们停滞在海上无法动弹；
> 就像一艘画中的航船，
> 停在一幅画中的海面。
>
> 水呵水，到处都是水，
> 船上的甲板却在干缩，
> 水啊水，到处都是水，
> 却没有一滴能解我焦渴。

赤道低压带的位置取决于经太阳加热的上升空气，因此它随季节在赤道几何线的南北移动。由于夏季陆地升温速度比海洋快，大陆会将赤道低压带引到距赤道更远的位置。因此，赤道低压带在地球的中腰呈蜿蜒曲折的蛇状分布。这使它的确切位置和宽度难以预测，增加了水手进入无风带的风险。

在哈德里环流圈下沉气流堆积的南北纬30°外，大约南北纬60°的地方，地表空气虽然比赤道凉爽，但仍足够温暖，可升至大气层驱动另一个大气环流圈。与哈德里环流圈一样，地表的风在回归时也受到科里奥利效应而平稳地向右偏转，形成极地东风带。

地球大气层中第三对也是最后一对大气环流圈是费雷尔环流圈（Ferrel cells），位于南北半球30°至60°的中纬度。与其他两种环流圈不同的是，费雷尔环流圈是被动的：它不是由自身的上升暖空气直接驱动，而是由哈德里环流圈和极地环流的运动形成的。这就像是夹在两个动力齿轮之间被迫转动的空齿轮。费雷尔和哈德里环流圈的下沉气流大约在南北纬30°相遇，形成两个副热带高压脊，称为"马纬度"（horse latitudes）。这两个区域的特征是微风、变向风或风平浪静。因此，它们就像赤道无风带一样，也引起了水手们的警惕。

由于费雷尔环流圈是由两侧的哈德里环流圈和极地环流圈驱动的，因此其流动方向相反。在航海时代，懂得这一常识非常重要。费雷尔环流圈地表的风不是流向赤道，而是吹向极地，因此科里奥利效应反而使它们向相反的方向偏转，形成西风带。哈德里环流圈的信风带和极地环流圈的东风带这两个不同纬度的风带都向西吹拂，如果你要向东航行，就只能在两个费雷尔环流圈内借助它们的西风。这就是从中美洲和北美洲返回欧洲的航线，哥伦布意识到需要向北航行到这一区域才能返航时首次利用了它。

在南半球，西风带也同样重要。如前所述，由于板块构造导致的大陆分布不均，北半球分布着大片陆地及山脉，阻碍了风的流动，而南半球主要是开放海域，风几乎没有阻力。特别是在南纬40°以南，陆块只有南美洲最南端和新西兰的两座岛屿，西风带可谓畅行无阻。因此，南半球的西风带比北半球的凶猛得多，水手们将这一地区称为咆哮 40 度（Roaring Forties）。如果不怕狂风巨浪、严寒的气候以及来自冰山的威胁，航海家们还可以借助风力更猛的狂暴 50 度（Furious Fifties）或尖叫 60 度（Shrieking Sixties）。

赤道和两极之间交错的风带也带动了海洋中的洋流，对于将世界编成一张巨大的贸易网非常重要。盛行东风的信风带与相邻的西风带将海洋表面的水吹向不同的方向。再加上大陆阻断了海洋，海水在向北或向南流动时也受到科里奥利效应影响，从而产生了被称为环流（ocean gyres）的大型洋流旋转系统。世界上的五大环流为北大西洋、南大西洋、北太平洋、南太平洋和印度洋环流。这些环流在北半球顺时针旋转，在南半球逆时针旋转，就像风带的方向一样，沿赤道呈轴对称分布。

之前讲过，腓尼基人和后来伊比利亚半岛的水手们都非常熟悉沿着北非海岸流动的加那利洋流。这就是北大西洋环流东边的分支；而将加勒比地区温暖的海水带到北欧的墨西哥湾洋流则是其西边的分支。墨西哥湾洋流发现于 1513 年，当时西班牙探险家沿着佛罗里达海岸向南航行，他们发现虽然有强风助航，船却仍然向后退。（由于水的密度比空气大得多，即使是温和的洋流对船只的影响也要比风大。）他们立刻意识到这种洋流的商业意义：载重大帆船只要进入这条宽阔、快速流淌的海中之河，就很容易被带向北方，然后转弯顺着西风归航。南美东海岸沿岸的巴西洋流与墨西哥湾洋流相对，船舶可沿洋流来到南部的西风带，然后绕过非洲抵达印度洋。[①]

所以总的来说，每个半球的大气层都被分为三个巨大的环流圈，就像缠绕在地球周围的巨型管道一样，每个环流圈都在固定的位置运动，并随季节向南或向北轻微移动。于是形成了地球主要的风带——信风带、西风带和极地东风带，进而带动了洋流环流。整个行星风系基本可以用三个简单的事实来解释：赤道比两极热、暖空气会上升和地球自转。

以上总结了地球上的一般风带。但有一个地区的风力系统非常特殊，早在欧洲人遇到它之前，它已经推动建立了繁荣的海上贸易网络。

了解季风海洋

当你听到"季风"一词时，脑海中可能会浮现出葱郁潮闷的印度景观，时常伴有倾泻而下的雨水。这个词源自阿拉伯语"mausim"，意思是"季节"，而季风对于塑造整个东南亚农业的干湿季节至关重要。但是从科学上讲，季风是南亚周围独特的大气条件和盛行风向逆行的结果。它完全不同于葡萄牙水

---

① 在这些巨大的洋流环流的流体动力学作用下，表层物质被卷到环流中心。马尾藻海位于北大西洋环流的中部，也是大西洋中唯一被列为海的开放海域；它拥有一片直径达 1000 至 3000 公里的清澈湛蓝海域，其中布满了海藻。最近，相同的环流活动带来了大量塑料漂浮物，于是这里被称为北大西洋垃圾带。太平洋垃圾带的污染程度与之类似。

手在地中海或大西洋遇到的风力系统。

追随着巴尔托洛梅乌·迪亚士的脚步（或至少是他的航线），另一位葡萄牙探险家瓦斯科·达伽马（Vasco da Gama）于1497年夏天从里斯本起航，沿海上航线通往印度。在非洲西北海岸，他驶入当时的惯用航线，在佛得角群岛补足淡水，然后绕着非洲的凸出部分航行。但他没有沿着熟悉的非洲海岸线进入几内亚湾的无风带，而是驶向西南方，进入无边的大西洋，他搭乘着大西洋的巨大洋流环流圈，来到距陆地几千公里以外的地方。在广袤的大海上，他遇到巴西洋流，船只稳定地向南航行，然后进入十年前迪亚士发现的盛行西风带，轻而易举地从东边回到非洲最南端。

达伽马及其船员在海上度过了三个多月，穿越大西洋绕地球航行约10 000公里，是当时穿越开放海域的最长航程。相比之下，哥伦布的西行航程只进行了38天，在偶然发现陆地两天后，紧张不安的船员就发生暴动，要求返航。

达伽马来到好望角附近，逆着非洲东南海岸的洋流向北驶进。1497年12月16日，他们经过了迪亚士竖立的最后一根石柱。次年3月，他们来到莫桑比克，进入阿拉伯海上贸易领域。在如今肯尼亚的港口城市马林迪，他第一次遇到了印度商人，也是在这里，他得到了一位熟知印度洋航线的古吉拉特邦领航员的帮助。他们从4月下旬出发，幸运地搭乘稳定的风力驶向东北方——此时的达伽马尚不了解季风的特征和他的航程所占据的天时，船队沿着斜向洋流横穿印度洋，直达马拉巴尔海岸的卡利卡特（Calicut）。4月29日，他们在地平线上看到了北

极星，这意味着他们重新进入了北半球。达伽马的船队只用 25
天就穿过了 4000 公里的开放海域，于 1498 年 5 月 20 日到达卡
利卡特。他终于实现了葡萄牙探险家长达数十年的梦想，找到
了一条从欧洲通向印度及香料群岛的财富的海上路线。

　　十月初启程返航前，这些葡萄牙人花时间探索了印度海岸。
但现在看来，达伽马对季风发生模式的了解显然少得可怜：了
解本地海况的航海家绝对不会在这个时候试图驶往西南方的非
洲海岸。达伽马的船队在逆风中挣扎，被迫在海上进进退退，
进展非常缓慢。更糟糕的是，他们经常停滞在海面，而饮用水
逐渐变质，船员很多患上了坏血病。①

　　他们最终到达了东非海岸的摩加迪沙。这趟不合时宜的悲
惨归程历时 132 天。如果他们多等两个月再返航，就可以搭乘
冬季季风，仅需数周就可以穿越印度洋。等到他们终于回到家
乡时，已经过了将近两年，航程大约 40 000 公里。在这次勇气

---

① 在葡萄牙人进行的早期长途航行中，水手开始经常患坏血病。坏血病在
当时已经为人所了解：饥荒或军队营养不均衡的饮食都会导致坏血病。正
是因为水手们连续数月在海上航行，才使这种疾病经常（其实是不可避免
地）出现。我们现在知道坏血病是由于缺乏维生素引起的。维生素 C 或抗
坏血酸是人体为连接组织制造胶原蛋白的重要成分。如果连续一个月左右
的饮食中维生素 C 含量不足，症状会逐渐加重，轻则牙龈出血、骨骼酸痛，
重则伤口难以愈合、牙齿脱落，最终导致痉挛和死亡。奇怪的是，人类是
少数会患坏血病的动物之一（另一种是豚鼠）。事实证明，在我们与其他
灵长类动物产生演化差异的某个时段，我们遗传密码的某个细微处发生了
突变，消除了肝细胞中可制造抗坏血酸的关键性酶。在 18 世纪末，人们发
现柑橘类水果可以预防这种疾病之前，坏血病一直是长途航行中水手的头
号杀手。

和耐力的壮举中，三分之二的船员牺牲，且大都死于坏血病。因此必须遵循季风的规律。

不过，他们返航时船里装满了肉桂、丁香、姜、肉豆蔻、胡椒和红宝石，而哥伦布的第一次探险却几乎没有带回任何有价值的物品。因此，尽管今天人们最常纪念的是哥伦布在 1492 年进行的 8 个月探险，但从很多方面来说，达伽马在 1497 年的航行意义更为深刻。他发现了哥伦布想要寻找却没有找到的东西：通向东方财富的海路。

季风的规律

季风的变化规律与你前往海边旅行时感受到海风的变化一样。白天，陆地比海洋升温更快，且温度峰值更高。于是地面的空气上升，海面上较凉爽的空气则被吸入地面的低压区域，形成稳定的环流，此时风从海洋吹向陆地，形成迎岸风。而日落之后，陆地降温的速度要快得多，海洋温暖的空气上升，地面上较冷的空气填补进来，形成离岸风。如果你日落时分坐在沙滩上，常会感到风向发生明显逆转。唯一的区别是，季风发生的范围要大得多，并且是季节性而非日常性的。夏季，大陆的升温速度比周围海面快，季风将潮湿的空气从海洋吹向陆地。而在冬季，海洋更为温暖，环流方向相反，季风风向也随之反转，大气层较高处的干燥空气下沉到陆地，吹向海洋。

季风是由于陆地及其周围海洋之间的温度差异产生的。西非和南北美洲也有微弱的季风，但印度和东南亚的季风是目前地球上最强的季风，这归因于地理条件。青藏高原是世界上最大且最高的高原，面积约 250 万平方公里，平均海拔超过 5000 米。当夏日阳光炙烤着青藏高原的表面时，高层大气中的空气也会随之变热，这大大增强了夏季季风开始和结束时的上升气流。形成强季风更重要的因素是高原南部边缘的喜马拉雅山脉。它就像一堵高墙，或是一道屏障，阻挡了来自北方的冷干空气进入印度，使其无法与来自海洋的温暖潮湿空气混合，从而抑制了大气循环。喜马拉雅山脉使印度几乎与外界隔绝，为形成猛烈的季风提供了条件。因此，南亚猛烈的季风是板块构造——印度板块在大约 2500 万年前撞入欧亚大陆——的另一个结果。

印度就像字母"M"中间的笔画一样凸出在周围的海洋中，随着夏季开始升温，上升气流从周围海洋中吸取潮湿的空气，潮湿空气上升、冷却并凝结成云，降下大量季风雨。之前讲过，赤道低压带在地球的中腰蜿蜒排布，南北信风在那里相遇。夏季，印度升温明显，青藏高原和喜马拉雅山脉的影响也十分显著，导致赤道低压带被引至赤道以北 3000 公里处，直到冬季才再次向南回归。于是，赤道低压带影响了印度整个区域，夏季，来自南半球的信风越过赤道吹向陆地，而在冬季，北风一路南下吹向印度洋和东印度群岛。

所以，印度的地理条件扰乱了世界其他地方遇到的"正常"风向。随着季节变换，整个东南亚的风也周期性地变换方向，就像地球巨大的肺在呼吸一样。从 11 世纪到 15 世纪，早在葡萄牙水手抵达之前，就有众多船舶利用这些风力在印度洋和东印度群岛诸岛之间航行，形成了一个充满活力且多样化的贸易网，航线上的港口也相当繁荣。

季风的风向如节拍器一样规律且可以预测，而且只要航行时间安排得当，就可以顺风驶向想要到达的地方，待装载货物并重新补给之后，只需等待风向改变，就可以再次顺风返航。所以，在印度洋或东印度群岛附近航行不同于大西洋或太平洋。在大西洋或太平洋，你需要向南或向北航行，借助相邻的大气环流圈（热带信风带或中纬西风带），即通过改变空间位置来选择所需的风向。但在季风海域却要等待季节性的风向逆转，然后像来时一样返航，即通过改变时间来选择正确的风向。这就是瓦斯科·达伽马在 1498 年进入印度洋时完全不了解的情况。

海上帝国

从达伽马返回的第二年开始，葡萄牙每年都派遣探险队沿着他开辟的新路线抵达印度。[①]这些水手还从达伽马精疲力竭的返航中汲取了教训，迅速掌握了季风规律，了解了穿越印度洋和东南亚诸岛的航行日程。在掌握了这一重要的海上信息后，配有大型加农炮船并且具有在与欧洲数百年战争间积累下来的

---

① 第一批沿达伽马航线去往印度的舰队搭乘巨大的洋流环流圈穿越南大西洋，驶出环流时发现了巴西。

建造坚固防御工事经验的葡萄牙人迅速确立了在该地区的统治地位，并继续向东方行进，寻找香料的来源。1510 年，他们征服了果阿，并将这里变成在印度洋附近活动的主要基地，[①]次年，他们占领了马六甲海峡，控制了进出海峡的海上交通。在确定香料群岛的位置后，他们迅速于 1512 年派遣探险队占领了摩鹿加群岛。而在 1557 年和 1570 年，葡萄牙人还获准在中国南部沿海的澳门以及日本的长崎分别建立贸易中心。

到 1520 年，葡萄牙在印度洋进行的香料贸易的收入几乎占到了全国总收入的 40%。因此，葡萄牙创建了一种新的帝国——海上帝国，它不是通过占有大片领土，而是通过战略控制世界另一端庞大的海上贸易网变得强大而富裕。

西班牙人和葡萄牙人开路在先，荷兰人、英国人和法国人紧随其后。这些海洋贸易大国都企图独霸战略性港口与要塞，扼守海上咽喉以控制海洋交通要道，它们之间的竞争引发了世界范围内的殖民战争。通过海洋探索和海上贸易，欧洲的重心明确地从东方转到西方。欧洲不再是世界的最西端——横跨亚洲的整个丝绸之路的遥远终点。

而地中海——见证了几千年来城邦、王国和帝国的夺权斗争的内陆海域——几乎变得狭隘，先前的中心地位逐渐变得无足轻重。

这个新世界以及通向印度和东方的新海上航线，仿佛为欧

---

① 当斯里兰卡人第一次见到葡萄牙人及他们带来的欧洲食品和饮料时，他们记录道："他们吃的是某种白石头，喝的是血。"这是他们第一次见到面包和葡萄酒。

洲人提供了无穷无尽的领土和资源、财富和权力。欧洲航海家们解密了行星风系和洋流后，就迅速跨越了世界上广阔的海洋，将原本孤立的地区联系在一起，同时开始了全球化进程。因此，探索时代不仅是在世界地图上标注新陆地的过程，也是发现无形的地理规律的过程。欧洲水手学会将地球上交替的风带和洋流环流视作一个巨大的、相互联系的传送带系统，可将他们带到想要去的地方。

　　早期的探索船船体细长，船帆的设计可保证在探索未知海岸线时拥有最大的机动性，尤其可以最大限度地乘风破浪。但是，这些带有大三角帆的小型轻快帆船需要大量的专业船员，而且除了必要的物资外，没有多少载货空间。对于越洋贸易而言，理想的船舶要具备宽阔的船体，装配大型方帆。方帆的操作更加简单，可以将船员数量减至最少，同时又可以最大限度地增加船用物资和营利性货物的存放空间。西班牙帆船就是典型的方帆船，它们具有强大的动力，但只能随风而行——逆风航行几乎不可能。这意味着，与早期的探索相比，欧洲赖以建立海外霸权的贸易路线受到盛行风的强有力支配，这对殖民模式和随后的世界历史具有深远的影响。这些路线中最重要的三条是马尼拉大帆船线、布劳沃航线和大西洋贸易三角区。

走向全球化

　　当葡萄牙人在东南亚建立他们的贸易帝国时，西班牙人也在美洲寻找财富，并开始探索属于自己的、通往香料群岛的西行航线。

　　到 1513 年，一位西班牙探险家艰难地穿越了巴拿马地峡，他是第一个将目光投向另一侧海洋的欧洲人。第二章中讲过，代表西班牙出航的葡萄牙航海家麦哲伦（Ferdinand Magellan）在 1520 年绕过了南美洲最南端现在以他的名字命名的海峡，将这片新海洋称为"太平洋"——平静的海洋。他的船队沿着南太平洋环流圈的秘鲁寒流北上，然后乘信风带向西航行至菲律宾，将它划为西班牙殖民地。后来，麦哲伦在麦克坦岛上被杀，但他的船队继续航行，并于 1521 年到达了著名的香料群岛——摩鹿加群岛，即当时肉豆蔻和丁香的唯一产地。[①]

　　西班牙前往香料群岛遇到的问题是，水手们找到了一条横跨太平洋的西行航线，但不知道向东返回美洲可以借助何种风。

　　麦哲伦探险队唯一返回家乡的船选择继续向西穿越印度洋，完成了首次环球航行。这艘船的船长写道："我们绕着地球的圆周航行了一周——驶向西方，却从东方返回。"

----

① 1494 年，当时的两个海洋强国签署了一项协定，将世界一分为二，界线以东归葡萄牙，以西归西班牙。这条线被称为托德西利亚斯线（Tordesillas line），呈南北向穿越大西洋，位于佛得角群岛以西 370 海里处（2000 公里出头）。它不只是地图上茫茫海洋中的一条线——纯抽象图形。当葡萄牙水手在前往印度的途中发现南美海岸时，他们认为它位于自己这一边，因此宣称了主权：这就是巴西说葡萄牙语而拉丁美洲其他国家讲西班牙语的原因。16 世纪 20 年代，人们争论的是地球另一面是什么模样。如果托德西利亚斯线是个穿越南北两极和太平洋的环（太平洋与大西洋呈 180° 对称），那么，摩鹿加群岛究竟归西班牙还是葡萄牙？在西班牙急需快钱来资助其与法国正在进行的战争，将摩鹿加群岛出售给葡萄牙后，争端便自动解决了。

又过了四十年，西班牙水手们才对风有了认识，才得以从太平洋向东返回美洲。航海家们意识到太平洋的风向与大西洋相同，因此从菲律宾向北航行到日本沿海，找到有助于返航的西风带（位于费雷尔环流圈中）。这一发现使西班牙人经常进行往返航行，用这条马尼拉大帆船线，将广阔的太平洋两岸连接起来。航线的两端是阿卡普尔科的新西班牙殖民地（如今位于墨西哥）和菲律宾的马尼拉，此线路历史长达250年（从1565年到1815年，以墨西哥独立战争为终点），是历史上使用时间最长的贸易路线。太平洋中的西风将大帆船带到加利福尼亚海岸，在中转站为漫长的航海消耗进行补给之后，船舶再踏上最后一段路程——沿海岸线向南抵达墨西哥。这说明了西班牙在该地区强大的殖民霸权，而旧金山、洛杉矶和圣地亚哥等重要城市的名字至今仍能让人感到西班牙的影响力。

沿着这条路线向西穿越太平洋输送的主要商品是白银。16世纪40年代，西班牙人在墨西哥发现了丰富的银矿，并在安第斯山脉上发现了波托西"银山"（Potosí）。①大部分银两被带到南美海岸，顺着秘鲁寒流来到巴拿马地峡，然后由骡队驮着穿过这条狭窄的陆桥，最后装上前往西班牙的船只。这些满载财宝的西班牙帆船在横渡大西洋时，经常被法国、荷兰和英

---

① 波托西，也被称为"Cerro Rico"（西班牙语，意为"富有的山脉"），是大约1300万年前形成的被侵蚀的火山核心。火山活动驱使地下热液系统从较深的岩石中析出银、锡和锌，然后将其重新沉积在山脉主体上，形成极为丰富、厚重的矿脉。它是历史上最大的银矿，产银量在一百多年间均占全球产量的一半以上。

国海盗偷袭，其中大名鼎鼎的海盗有"假腿"克莱克（"Peg Leg" Le Clerc）和弗朗西斯·德雷克（Francis Drake）。

美洲开采的白银大约 1/5 通过马尼拉大帆船运到太平洋彼岸的菲律宾，用于采购中国的贵重物品：丝绸、瓷器、熏香、麝香和香料。白银或沿马尼拉大帆船线运送至菲律宾与中国进行贸易，或送返西班牙，通过欧洲的帝国传入东方，总之，南美大约 1/3 的白银都流入了中国，白银这种贵金属的价值在中国甚至超过黄金。还有些白银流入了印度。17 世纪初期，莫卧儿帝国皇帝沙贾汗（Shah Jahan）为妻子建造了一座华丽的陵墓——泰姬陵。这座经久不衰的爱情象征也是随航海时代发展起来的早期全球经济的缩影：南美的白银被西班牙人开发利用，通过欧洲商人的交易，最终成为印度一座宏伟建筑的建设资金。

因为美洲的大量白银输出，西班牙一度变得非常强大而富有。但是，就像我们稍后要谈到的大西洋贸易三角区一样，欧洲的巨额财富也耗费了巨大的人力成本，因为工人每次要进银矿山深处挖掘数月，在空气稀薄的 4 000 米高处忍受高温和灰尘的双重危害。波托西因而被称为"食人山"。

在 17 世纪，另一条通向东印度群岛的重要航路也开辟完成。葡萄牙人在 15 世纪的最后几年开辟的航线需要绕过非洲的最南端，沿着非洲东部海岸线北上，越过印度洋抵达印度，然后再驶向马六甲海峡。这条航线只在绕过非洲最南端的时候借西风带助航。西班牙人沿马尼拉大帆船线从菲律宾返回墨西哥时利用的就是与南半球相对的中纬西风带。但是，我们之前讲过，南半球的西风由于不受大陆块阻挡，风力更为猛烈。直到一个多世纪后，水手们才知道该如何充分利用咆哮 40 度。

　　1611 年，荷兰东印度公司的船长汉里克·布劳沃（Henrik Brouwer）越过了好望角，他没有选择朝东北方向的印度前进，而是南下进入西风带。西风推动着他的船队向东整整行进了 7 000 公里，而后他离开这条流速极快的海洋高速路，向北抵达爪哇岛。通过利用咆哮 40 度，布劳沃航线花费的时间还不到传统航行时间的一半——很重要的原因是无须再等待印度洋的季风。除了能更迅速地抵达香料群岛，这条偏南的路线远离热带地区，气候更凉爽，船员容易保持健康，供应的食物也更新鲜。

　　新航线的开辟带来了许多深刻的历史变化——正是沿布劳沃航线航行的水手发现了澳大利亚西海岸。而这条绕印度洋南缘的航线也将东印度群岛的门户从马六甲海峡转移到爪哇岛和苏门答腊岛之间的巽他海峡。1619 年，荷兰人建成巴达维亚（即今天的雅加达），作为其在该地区的运转中心，并统摄着这条至关重要的海峡。这条猛烈的西风带也是开普敦形成的原因：荷兰人需要在漫长的最后一段航程开始前重新补给船队。所以，咆哮 40 度西风带决定了南非今天讲的是南非荷兰语。[①]

　　香料推动了早期探索时代的开展以及欧洲船舶所进行的全

---

① 航海时代长期存在的一个重要问题是，船长很难确定船只在开放海域中的准确位置。运用天文学你可以轻松测出纬度——只需要测量地平线和特定星系之间的角度即可，但是在发明精确的钟表之前，几乎不可能测出准确的经度。沿着咆哮 40 度向东快速行进的船只必须知道转向东北方的正确时机，才能继续航行到达印度尼西亚。而且，如果你太晚转向，就会撞上澳大利亚——该大陆长满珊瑚的西海岸上到处都是错过时机的船体残骸。

球海洋贸易，但是到 1700 年，市场需求变成了其他新商品。最初在非洲和印度种植的农作物被移植到新世界，现在巴西成为咖啡生产大国，加勒比地区出产糖，北美则生产棉花。欧洲市场对这些商品的大量需求所带来的劳动力需求促成了另一个洲际贸易体系，它对于当今世界的格局而言，无疑是最重要的。

　　简而言之，大西洋贸易三角区将欧洲、非洲和美洲关联在一起，以满足欧洲对廉价棉花、糖、咖啡和烟草的无尽需求。欧洲的船队带着在那些发达国家中生产的商品（例如纺织品和武器）驶往西非海岸，与当地酋长交换他们所俘获的奴隶。然后，他们带着这些奴隶穿越大西洋，将他们贩卖给巴西、加勒比海地区和北美的种植园主。[1]出售奴隶获得的资金又被用来购买种植园中种植的产品，即奴隶劳动的产物。他们用醋和碱液洗刷奴隶船的货舱，然后将这些原料带回欧洲生产制造，从而形成完整的贸易闭环。他们采用的航线各不相同，同一往返航线中每段运输的货物也各不相同，以及在某些海岸线上运载货物的短途驿站也各不相同，但这就是 16 世纪后期至 19 世纪初位于欧洲本土与殖民地之间的大西洋贸易三角区的核心。

　　非洲奴隶在被运往大西洋之前，被关在沿海堡垒中，这些堡垒通常被称为工厂，大都建在河口，因为这是从更远的内陆转运奴隶最简便的方法。绝大多数奴隶来自中西部非洲（赤道

---

[1] 15 世纪后期，葡萄牙人开始将非洲奴隶引入马德拉群岛和佛得角群岛的甘蔗种植园；而从 16 世纪 30 年代起，他们将黑奴运送到了大西洋彼岸的巴西殖民地。很快，其他欧洲航海国家也参与到所谓的中间通道（Middle Passage）人口贩运中来。

与南纬 15°之间的区域)、黄金海岸沿岸以及几内亚湾的贝宁湾和比夫拉湾。这在很大程度上也归因于大气环流模式和洋流的作用。从这些地区更容易搭乘东南信风到达南美洲,然后再沿巴西洋流向南抵达巴西的咖啡种植园;或顺着东北信风和北赤道洋流驶往加勒比群岛的甘蔗种植园、亚拉巴马州和卡罗来纳州的棉花种植园以及弗吉尼亚的烟草种植园。大西洋奴隶贸易虽于 1807 年被禁,但走私奴隶贸易仍在继续,直到 1865 年美国内战结束,奴隶制被废除为止。当时已经有超过 1000 万的非洲人被暴力俘获并转运到美洲,很多人在运输途中,或者在种植园的第一年或第二年就悲惨死去。所有被贩卖的黑奴,大约 40% 去往巴西,40% 去往加勒比海,5% 去往美国,15% 去往西班牙美洲殖民地。

　　航运商人在三角区的每一站出售货物都是为了获利,因此,就像经济永动机一样,该系统每次转动曲柄时都为其主人带来巨大的金钱收益。欧洲国家先使用水车后采用蒸汽机为磨坊和工厂提供动力,而海外奴隶所提供的原料对推动工业化经济发展的机器同样重要。在废奴运动起势之前,甜茶或朗姆酒的味道、身穿干净衬衫的感觉以及令人振奋的烟草燃烧香味,都让欧洲人对自己的优越生活所造成的人类苦难绝口不提。[①]

　　欧洲海外殖民地的广阔新大陆及其所提供的原料和利润为工

---

① 作为消费者的我们,如今责任心仍然没有提升。我们虽然知道发展中国家许多工厂的工人被迫忍受恶劣的工作条件,却又兴奋地购买最新的触屏电子设备或廉价的 T 恤。

业革命创造了条件，不过，推动这一革命的另一个关键因素则是地下世界提供的似乎无限的能源，我们将会在下一章中讲述。

第九章　能源

　　在人类10 000年的定居历史中，绝大多数时期靠农业为生。定居人群以附近田间种植的农作物为食，并通过饲养动物来获得肉、奶和驮力。种植养殖业还为我们提供了制作衣服的纤维，包括棉花、亚麻、丝绸、皮革和羊毛等，保护人类不受恶劣天气的伤害。

　　从本质上说，农业是用一定面积的土地收集太阳能，并将其转化为人体所需的营养和人类社会所需的原材料。慢慢地，我们或者通过扩大耕种面积来提升农业产量——通过砍伐森林扩大农田，并开发新的工具和技术（例如大型犁耙）来耕种以前的边际土地；或者通过对高产谷物或动物进行选择性育种，以及轮作计划。随着历史前行，我们对提高农业水平越来越驾轻就熟，因此人类的数量激增。

　　此外，砍伐森林为人类提供了烹饪食物和房屋供暖所需的柴火。人类从自然环境中收集的原材料要想转化为陶器、砖块、金属和玻璃等产品，需要木材提供的热能。为了满足窑、炉、锻造间和铸造厂所要求的更高温度，我们将木材碳化，制成木炭。这样一来，由于依赖森林中的木材制成的木炭，甚至钢铁和玻璃的生产都与树木发生了联系。

随着人口的增长，我们需要更多的木材做燃料和建筑材料，附近的天然林逐渐被耗尽，于是我们学会了萌芽更新（coppice）。萌芽更新是一种林业管理方法，指的是在白蜡木、桦木和橡树等树木被采伐后，利用树干上的萌芽条长成新的成熟树木的过程。萌芽更新可以重复进行，从而使土地持续产出木材。①

但是，随着欧洲人口的持续增长，即使萌芽更新也无法满足我们对薪柴和建筑木材的贪婪需求。从 17 世纪中叶开始，木材短缺的情况越来越严重，价格的上涨势不可挡。欧洲正处在"木材产量峰值"：所有适宜的土地都已被用来种植粮食，燃料的产量无法再增加。但人们随后就开始探索一种新能源，它不仅要为住宅供暖，而且提供的能量要远远超出肌肉力量。

阳光和肌肉力量

在人类历史的大多数时期，建立和维持文明所需的力量是由肌肉提供的，无论是人力还是畜力。合理使用并协调肌肉力量，可以获得惊人的成就：吉萨金字塔、中国长城、中世纪的欧洲大教堂都是由肌肉力量和简单的机械装置（如轧辊、坡道和绞车）

---

① 北欧的许多树种——包括桤木、白蜡木、山毛榉、橡树、美国梧桐和柳树——都可以从截断的树干中萌芽，这种自然能力使它们适合进行萌芽更新。但这种能力可能是对觅食大象和其他巨型动物（例如前文讲过的、在较温暖的间冰期漫游到更高纬度区的大型动物）带来的破坏所做出的演化反应。

建成的。但是，肌肉需要食物来补充能量，而食物源于农田和牧场。因此，随着人口越来越多、农田越来越少，肌肉成本变高了。

不过，肌肉力量已经可以用天然可再生能源来代替。水车及随后的风车提供的切削力可以完成很多工作。水车大约发明于 2500 年前，公元 1 世纪时中国人曾用其鼓动高炉中的风箱来冶铁。公元 1 世纪后不久，罗马人在法国南部的巴贝加尔（Barbegal）建造了规模最大的水车设施。这是一个由 16 个水车组成的系统，是古代世界功率最大的机械动力设施，总输出功率相当于 30 千瓦。[1]风车最早出现于公元 9 世纪的波斯，并在向中世纪欧洲的传播过程中不断完善。第四章讲过，低地国家尤其喜爱用风车为围垦地排水或抽海水造田。水车和风车开始为各种人类活动提供动力：将谷物磨成面粉，压榨橄榄油，锯切木材，打碎金属矿石和石灰石，以及用轧辊将铁条轧成一定形状。

从 11 世纪到 13 世纪，这场机械革命加速进行，中世纪的欧洲成为第一个不只依靠人力或畜力的辛勤劳作来提高生产力的社会。但是即使如此，可用的能量仍然限制了生产力发展，水车和风车易受河流水位和风力的影响。尽管水车或风车减少了生产过程中的体力劳动，我们仍然生活在一个依靠肌肉力量

---

① 虽然这在当时给人的印象极其深刻，但与我们今天开发的巨大能量对比仍然相形见绌：整个水车系统的功率尚不超过一辆家用汽车发动机的输出功率。

和阳光的世界中。

在历史的长河中，我们学会通过生态系统吸收太阳的能量，再将其传入自己的身体和社会。阳光使我们的农作物成熟并养育了我们的森林。事实上，在相当长的历史时期内，人类文明的生产力都依赖并受制于光合作用以及植物在人类可支配的土地上能以多快的速度产生食物和燃料。

这种机制被贴上了各种标签，例如有机能源经济、体内能源机制（Somatic Energy Regime）或生物旧体制，但是它们都指向同一种事实：在 18 世纪之前，整个文明历史都是由农作物和森林收集的太阳能，以及人力和畜力提供的肌肉力量支撑的，而肌肉力量又必须从植物所提供的食物中汲取养分。但是，如果社会的生产力由农作物和林木的生长速度决定（由收获阳光的速度决定），就从根本上受到了可用土地的限制。此外，人体所需的食物和制造业所需的薪柴还争抢着同一片土地。所以农业帝国的发展有着难以逾越的上限。

摆脱这些限制的唯一方法是找到不需要直接吸收阳光的能源。18 世纪的欧洲已然找到了这一方法：利用我们脚下储存的大量能源。人类不再尝试从陆地表面获取更多能量，而是向地下钻探，获取古代森林的埋藏——煤炭。煤炭本质上是可燃性沉积岩，一条煤层就浓缩了森林的许多生长季——它是化石阳光。仅一吨煤就可以和一英亩（1 英亩≈4047 平方米）林地全年产出的薪材提供相同的热能。造就现代世界的功臣正是煤炭。

动力革命

我们早在工业革命之前就开始使用煤炭。马可·波罗在 13 世纪后期沿着丝绸之路到达中国时，曾描述过中国人用黑石头碎块做燃料的奇怪行为。甚至早在公元 2 世纪末的英国，罗马人已经在英格兰和威尔士开采许多重要煤田，用于金属加工或地暖系统。

推动我们所谓的工业革命进程的是纺织制造业。18 世纪后半叶，一系列发明改变了这种家庭手工业，机器能够将棉和羊毛纤维纺成线，然后将线织成织物。在上一章讲到国际贸易网时，我们探讨了美国和印度殖民地为英国供应廉价棉花的情况，它们满足了纺织厂产能迅速提高而不断增长的需求。最开始的动力来自水车，但是真正推动工业革命发展的力量是煤炭、钢铁生产和蒸汽机三者组成的良性循环。

用焦炭做高炉的燃料后，工业革命开始走向高潮。从地下挖出的煤炭不是纯碳燃料，而是包含着挥发性有机化合物、硫和水分等杂质。焦化（coking）是煤炭在不被引燃和燃烧的情况下进行加热的过程（与木材生成木炭的方式几乎一样），目的是去除上述杂质，尤其是去除能让铁变污变脆的硫，生成燃烧温度更高的燃料。焦炭高炉使铁的生产成本大幅下降，为建筑项目和越来越精细的机械工具提供了材料。

地下的庞大煤炭储量及其所产生的焦炭，使工业化早期的英国摆脱了植树造林的限制，也为制造社会所需的产品提供了海量能源。但蒸汽机的出现才是里程碑式的进步，它无须动物肌肉即可产生力量和运动。从根本上说，蒸汽机是一个能将热能转化为动能的转换器：它能将热量转化为运动。第一批蒸汽机被煤矿用来抽取地下水，以便挖出更深的煤层。由于它们架设在煤矿里，最早的高耗能原始设计问题并不突出。后来，经过一系列创新和改进，蒸汽机越来越节能高效。

蒸汽机逐渐成为通用动力装置。它是工厂的"原动力"，只需一台蒸汽机便可以通过顶置皮带和链条系统驱动整个机床车间。交通运输方面则开发了更为小巧节能的高压蒸汽机，它们巨大的重量通过架设的铁轨分散到整个地面；或者将它们安装在船上，靠船体的浮力支撑。很快，蒸汽机就开始运载世界各地的货物和乘客。到 1900 年，蒸汽机提供了英国所需动力的三分之二左右，不仅承担了 90% 的陆上火车运输，还负责 80% 的海上货物运输。

这就是推动工业革命进步的三驾马车。蒸汽机使人类能够开采更多的煤炭，燃煤的冶炼厂和铸造厂能生产更多的铁，有了煤和铁，就可以建造并运转更多的蒸汽机以更快的速度开采煤炭，生产铁并建造更多的机器。这样，煤、铁和蒸汽机就形成了一个良性三角循环。

这次工业转型在人类历史上尤为重要的原因是，它使我们冲破了人类文明之前遇到的能源限制。煤炭可提供大量热能而无须进行萌芽更新，蒸汽机则去除了对动物和人类肌肉的依赖。如果没有地下储藏的大量燃料，文明就不可能走出农业的限制。那么，地球是如何为我们生成了这种随时可用的能源呢？

化石化的阳光

你一定知道，煤炭来自掩埋在地下的古树。正如我们在本书中反复看到的，煤在产量最多、分布面积最广的形成期，地质环境有一些特殊。这些特殊条件对地球上的生命产生了深远的影响。

植物最早从湖中生长的某种绿藻演化而来，大约在4.7亿年前登上陆地，但要形成最早的极少量煤炭却花费了相当长时间。在大量森林覆盖整个地球的近4亿年间，迄今规模最大、分布最广的煤层出现在石炭纪，这一地质时期大约结束于3亿年前，持续了6000万年左右。事实上，这个地质时期的名字正是源于其间的煤炭形成期。地球历史上还有其他较晚的煤炭形成时期，但石炭纪煤炭无论在产量上还是分布面积上都占主导地位。自工业革命以来，我们使用的煤炭约有90%可以追溯到这段短暂的地质时期。

通常，当活着的有机体死亡时，无论是橡树还是猫头鹰，都会发生分解，其体内有机分子中的碳进入空气，形成二氧化碳，然后再被进行光合作用的植物吸收。石炭纪既然有如此多的碳转化为煤，必定有某种原因限制了分解过程；那个时期似乎由于某种原因，地球的碳循环遭到了破坏。树木死亡但没有腐烂。这些植物堆积在地面上，成为泥炭，然后被埋入越来越深的地下，并通过地球内部的热量被加工成煤炭。

泥炭积累的关键前提是，植被的生长速度必须比死亡后的分解速度快，或从更长的时间段来看，比沉积物自然腐蚀的速度快。一片生长在低洼沼泽地中的葱茏茂密的森林，死去的树在没有完全腐烂前就被埋入没有氧气的地下，似乎破坏了这一平衡。

在石炭纪时期，世界与现在大为不同。当时，地表的大陆轮廓在板块构造的作用下不断变化，与今天的形态完全不同。在此期间，主要的大陆块碰撞在一起，组成了一整个盘古超大陆。

位于现在北美东部、西欧和中欧的巨大低洼盆地穿越赤道，形成林木繁茂的热带沼泽。如第三章所述，这些沼泽森林的树木仍然以孢子繁殖，在如今的我们看来一定非常陌生。它们是木贼类、石松类、水韭属和蕨类植物的古老近亲，在如今的森林中低调地生活在阴暗的底层。大部分煤炭都是由石松科植物（与现在的石松类植物有亲属关系）生成的。它们直径约一米粗的树干笔直挺拔，几乎没有侧枝，且呈奇异的绿色，老叶子掉落后树上留有规则的旋涡图案——化石看起来就像轮胎褶痕一样。它们能长到30多米高，顶部有刀片一样的长树叶组成的树冠。

这些茂盛的沼泽生境也充斥着奇异的动物。石炭纪的林下灌丛间穿梭着巨大的蟑螂，其外观与今天的非常相似，蜘蛛如马蹄蟹一般大小（没有结网之前），还有5英尺长的千足虫。类似蝾螈的两栖动物像马一样大，宽大的四肢蹒跚地穿过这些沼泽。巨大的掠食性蜻蜓，翼展长达75厘米，在湿热的空气中飞翔。但如果你可以回到那时，在茂密的森林中漫步，一定会因为某些声音的缺失而惊奇，恍然大悟后，你会感到毛骨悚然：完全没有鸟鸣声。在那时古老的天空中，只有昆虫飞过——鸟类再过 2 亿年才会出现。在这种环境下，你预料中的许多其他生物也尚未演化——温热的水池中没有蚊子叮咬，但也没有蚂蚁、甲虫、苍蝇或大黄蜂。

虽然石炭纪的环境非常适合树木丛生，但后来的时代同样温暖潮湿，仅凭环境条件并不能完全解释这一时期的大量煤炭沉积。繁茂生长的树木不需要过多解释，树木死亡后没有腐烂，而是积聚在厚厚的泥炭层中这一事实更值得我们注意。石炭纪赤道周围沉闷的沼泽一定发挥了作用，它们弥漫着腐臭味，氧气稀少的土壤减缓了分解微生物的活动。但是沼泽在整个地球历史中长期存在，并不是石炭纪的独有特征。

那么，大约 3.25 亿年前的世界究竟有什么特别之处？为什么倒下的树干似乎不愿腐烂？为什么石炭纪期间碳循环水平如此低，导致大量煤炭形成并引发了工业革命？

近年来流行的一种解释是，在分解过程中起着重要作用的石炭纪真菌根本就没有生化能力来分解死去的树木。

为了长得更高，古老的树木需要产生更大的内部力量来支撑自身。所有植物均含有纤维素，该分子是多个葡萄糖分子组成的线性链，可增强细胞壁——亚麻外套、棉衬衫和你当前正在阅读的纸页（如果你阅读的是电子书，请想想包装它的纸壳箱）全部由纤维素组成。

但是真正使这些参天大树的树干具有力量的是另一种分子——木质素。它解释了泥盆纪早期的苔藓状小植物为何能变成石炭纪的参天大树。而且重点在于，木质素比纤维素更难分解。

现在，如果你走进一片森林，闻到腐殖质丰富的土壤和树叶令人陶醉的香气，你会注意到小路旁的枯木不仅颜色变淡，而且呈现出柔软的海绵状纹理。这就是白色腐烂真菌的作用，它会分解木材中的深色木质素。（平菇和香菇等品种尤为美味。）流行的解释认为，石炭纪时期的树木演化出新的木质素来强化木质，但是真菌还来不及形成相应的酶来分解它。因此许多坚硬的树干都无法分解，几百万年来只能堆积在地面上。

这确实是一个令人满意的假设，但不幸的是，它并没有经受住最新证据的考验。石炭纪沼泽中最常见的成煤树木实际上并不含有太多的木质素。尽管在石炭纪之后的地质时期（即二叠纪），北美和欧洲没有形成大量的煤炭，但中国的某些地区却形成了，这是在木质素分解真菌出现之后。因此，如果不是森林通过木质素强化自身和真菌发展出分解能力之间出现了时间差，又是什么使石炭纪的众多树木变成煤炭呢？

看来，造成石炭纪大量煤炭沉积的主要原因不是生物而是地质原因。

到石炭纪晚期，尽管赤道周围的热带地区仍然温暖，但其实已经处于地球历史上一个相当寒冷的时期，冈瓦那大陆南部已出现大面积冰盖。因此，石炭纪并不像大众认知中那样始终覆满茂密的丛林。这些冰川是由当时的大陆构造活动造成的。聚合在一起的大陆块从南极延伸到赤道，再向北几乎通往北极。这封锁了地球上热带温暖海水和极地冰冷海水的循环（即第八章中讲过的传送带），阻碍了从赤道向两极的热量传递。而且，冈瓦那大陆横跨南极，也有助于该地区积累深厚的冰川冰——如前所述，冰盖无法在开放海域中扩张。

石炭纪蓬勃生长的森林也是这些冰川形成的部分原因。树木不断从空气中吸收二氧化碳进行光合作用，而在死后，树木中的许多有机物质没有腐烂，没有将所吸收的碳释放回空气中，而是被封存为泥炭。结果，大气中的二氧化碳含量大幅减少，这种温室气体的减少也导致了全球变冷。死亡有机体的分解可消耗空气中的氧气，产生二氧化碳，但泥炭体积的增加却导致大气中的氧含量增加，可能高达35%（在如今维持我们生命的大气中，氧含量浓度为20%）。普遍认为，正是这种高氧水平导致了之前讲过的大型昆虫（例如大翅蜻蜓）的演化。

因此，从石炭纪中期开始，地球就变成了一座冰室。全球气温的波动以及因此锁在冰盖中的水量（由第二章讲到的地球轨道的变动所决定）导致了海平面周期性上升和下降，就像过去250万年的冰期一样。石炭纪的海洋涨涨落落，在广阔的低洼地中反复进进退退。在此过程中，植物性物质不断被埋在海洋沉积物层之下，直到后来成为煤层。的确，如果你察看煤层中裸露的岩石层，你会看到煤层的垂直序列，有海洋沉积物形成的泥岩、潟湖沉积物形成的页岩以及河口三角洲的砂岩（其上已形成新的土壤层），接着是另一层煤层。煤层中这些堆叠的岩层仿佛一叠地质手稿，讲述着沼泽低地反复泛洪的故事。

在南威尔士或英格兰中部等地，煤炭出现在铁矿附近，冶铁所用的燃料和矿石可以在同一地方开采，好像地球的买一送一折扣，有时甚至是买一送二。在石炭纪初期，全球海平面较高，低洼的地段被淹没，形成温暖的浅海区，石灰岩就在这时形成。它们位于煤层之下，经常暴露在周围的地表中。第六章讲过，石灰岩被用作冶铁时的助熔剂，能帮助金属熔化并去除杂质。此外，每个煤层正下方的"底板"大都保留着沼泽树木的化石根，它们通常富含水合硅酸铝。这些矿物使其所在的黏土层具有极高的耐火性，能够承受1500℃或更高的温度，这样一来，自然界还为我们提供了一种理想的耐火建造材料，用于衬砌熔炉或坩埚以浇注熔融金属。所以，石炭纪不断变化的地理条件有时候会在同一地区的连续地层中形成工业革命所需的原料。

　　正是低洼地区的周期性泛洪与淹没保存了泥炭，并将其挤压在连续的沉积层下，形成了煤。冰川期和间冰期海平面的高低变化反映了当时的冰室状况，这是板块构造和大陆活动的直接结果。不过在石炭纪期间，地球另一个不寻常的特征也促成了煤的形成：陆地不但聚拢成南北极之间庞大的一整块，各自之间还仍然频频发生碰撞。

　　石炭纪见证了盘古超大陆的持续形成过程，即北部庞大的劳亚古大陆（包含北美洲以及欧亚大陆的北部和西部）与冈瓦那大陆（包含南美洲、非洲、印度、南极洲和澳大利亚）在赤道附近撞击融合的过程。这种缓慢的大陆碰撞活动被称为"瓦里斯卡造山运动"（Variscan Orogeny）[①]，由此形成了密集的山脉带，包括现在美国和加拿大东部沿海的阿巴拉契亚山脉、摩洛哥的小阿特拉斯山脉——这座大山原应接续着阿巴拉契亚山脉，但被大西洋的出现而阻隔——以及欧洲的许多山脉，例

----

① 地质学术语"造山运动"指的是构造板块俯冲或碰撞而形成山脉的过程，但其形容词形式是"orogenic"而不是"orogenous"，令人费解。

如现今法国和西班牙之间的比利牛斯山脉。[①]之后，在石炭纪晚期，西伯利亚从东北方撞入这座组合大陆，它与东欧相连，连接处隆起乌拉尔山脉。

之前讲到，大陆块之间的碰撞不仅挤压隆起高山带，地壳同时向下弯曲，形成了低洼的下沉盆地。喜马拉雅山脚下的恒河盆地就是范例，它由印度—欧亚板块碰撞形成，印度河和恒河从山上汇流下来注入大海之前，均要流经恒河盆地。

这种下挠的前陆盆地也由石炭纪的构造冲突形成，并为那些大面积低洼沼泽区的出现做了铺垫。沼泽区周期性洪水泛滥，因而密封保存了泥炭。但要使煤层在一轮轮的沉积周期中积聚而不会暴露在外遭受侵蚀，还需要一个不断沉降的盆地。石炭纪期间盘古大陆的持续成形恰巧满足了这一重要条件：大陆的碰撞使盆地的下挠速度与煤的堆积速度大致相同，从而积聚起了极其深厚的煤层。

由于这几种因素偶然出现在同一时间和同一地点，石炭纪便成为地球历史上异常特殊的时期，创造了人类赖以生存的庞大煤储量。盘古超大陆仍在经历活跃的构造过程，其碰撞边界恰好位于热带地区，在温暖湿润的气候下创造了低洼湿地所必需的前陆盆地，非常适合树木生长。在冰期和间冰期交替的罕见时期内，这些湿地经常被突然抬升的海平面淹没，将泥炭埋藏并留存下来，而且它们在不断塌陷，因而地层不会轻易被侵

---

① 造山运动也成就了康沃尔郡的花岗岩侵入体，正如之前所述，它提供了青铜冶炼所需的锡和瓷器制造所需的高岭土。

蚀。板块构造活动是所有这些背后的最终力量。后来，世界上也出现了其他成煤期，但没有一个能像石炭纪盘古超大陆形成期间那样富有成效。

这些交织的地理因素最终推动了工业革命。如果没有石炭纪庞大的煤储量，人类的技术发展大概在三个世纪前就停滞了。我们可能仍在使用水车和风车，并且用马拉犁耕田。

煤炭政治

工业革命始于英国有很多原因。木材（以及木炭）的稀缺性和上浮的价格使人类在所有可能的地方都使用了煤炭作为替代燃料。英国的劳动密集型经济更倾向用机器代替昂贵的手工业者，这些机器虽然需要很高的初始资本投资，但它们的生产能力更高，所需的工人更少。大英帝国先后从美国和印度获取的廉价棉花，促使人们进行创新，从而更快地将纤维制成织物。因此，虽然英国引入机器取代了人工，但推动这一进程的却是为了生产棉花等原材料在海外田间劳作的奴隶劳动力。

但是英国的一项地质优势——可达性强且优质的石炭纪煤矿山在地下等待挖掘——直接为工业化提供了燃料。到19世纪40年代，英国煤田供应的能源已经非常多，如果换作木炭，每年将需要燃烧1500万英亩的林地，相当于整个国家面积的1/3。

欧洲大陆掌握了集约化煤矿开采和大规模生产钢铁的工具、

技术手段后，工业革命就从其发源地向外扩展开。在这里，推动英国工业发展的相同石炭纪煤层一直延伸到法国北部和比利时，直至德国的鲁尔区。这是欧洲后来的工业中心地带。这弯煤炭"新月"就像新月沃土对于古代世界一样，在现代历史中起着重要作用。在北美，采用煤炭的时间要晚得多。东部人口稀少的沿海殖民地区最初可利用广阔的森林获取木炭，所以直到 19 世纪中叶，美国工业领域才开始大规模用煤代替木炭。然而，到 19 世纪 90 年代，美国已超过英国成为世界上最大的钢铁生产国。具体说来，匹兹堡的位置得天独厚，附近既有铁矿石，也有助熔的石灰岩，还有阿巴拉契亚山脉丰富的煤炭资源——地质条件的并发性成就了现代资本主义时代某些最富有的大亨，例如安德鲁·卡内基（Andrew Carnegie）。

如今，推动英国工业革命的煤矿几乎全部关闭，因为剩余的煤层越来越难发掘，而海外有成本更低的煤炭，同时，人们在寻找污染更少的可再生能源。[1]有一些露天煤矿仍然留存着，但英国最后一个深煤矿——约克郡的凯灵利煤矿（Kellingley）于 2015 年最终关闭。然而，令人惊讶的是，英国拥有 3.2 亿年历史的煤田分布竟仍然影响着如今的政治版图。

工党是在工会运动的推动下于 1900 年成立的，与英国煤矿工人的联系特别密切。

尽管过去的一百年中发生了很大的变化（工党从处于自由

---

[1] 自 19 世纪 80 年代以来，英国在 2017 年 4 月 21 日首次全天不使用煤炭发电。

党阴影中的政党，到第二次世界大战后取得压倒性胜利，再到托尼·布莱尔领导的新工党），煤炭与政治之间的深刻渊源已经延续了几个世代。我们以 2017 年的最新大选结果为例：人口密集的多元文化城市（如伦敦）倾向于选择工党，而人口稀少、规模较大的乡村选区绝大多数投票给保守党。结果形成了悬峙议会（hung parliament），工党赢得了议会的 262 个席位，保守党获得了 318 个席位——这对于多数政府（majority government）来说还不够。

我们再来仔细研究一下英国各地的工党选票分布情况。坎伯兰郡、诺森伯兰郡和达勒姆郡（大北方地区）、兰开夏郡、约克郡、斯塔福德郡和南北威尔士的广阔煤田，都与大选中的工党选区完全重合。在 2015 年大选时，这种关联性甚至更为紧密，当时工党惨败，选票集中在选区的心脏地带，其实过去几十年来的选举都是如此。对英国主要左翼政党的支持几乎都完全集中在石炭纪煤矿区。①地下深处的地质情况似乎仍然反映在如今人们的生活中。

尽管煤炭仍然是世界能源结构中至关重要的组成部分，主要用于发电以及制造钢铁和混凝土，但煤炭的统治地位如今已被另一种化石燃料所取代。现在，石油已成为世界上最有价值的商品之一，同时也是人类的主要能源，占全球能耗总量的 1/3。数十年来，其生产和运输所引发的地缘政治冲突一直主导

---

① 在另一个主要左翼政党——苏格兰国民党——崛起后，工党与煤田之间的相关性在苏格兰地区有所下降。

着国际关系，此外，我们在第四章讲过，这正是西方对海湾地区和超级油轮必须通过的海上枢纽感兴趣并加以干预的主要原因。

黑死期

石油（字面意思为"岩石油"）与煤炭一样，使用历史已有数千年。4000年前，渗出地表的沥青（柏油）被用作巴比伦城墙的一种黏合剂，而在公元前625年左右，它又被用作筑路材料。到公元350年，中国人已经学会钻油井，并通过燃烧石油熬干卤水来生产盐，而在10世纪，波斯的炼金术士学会了从石油中提取灯具所需的煤油。但是直到19世纪下半叶，我们才开始在工业上大规模使用石油。

原油是由大小不同的碳化合物组成的极其复杂的混合物，可以通过蒸馏将其分离成不同的馏分。这些馏分早期可用作蒸汽机和其他机械的润滑剂，或用作照亮城市的煤油。从1876年德国现代内燃机诞生后，人类对石油的消耗才真正开始。以前，人们认为从原油中提炼出的汽油易挥发、具有危险性，无法大量使用，但事实证明，石油正是使这些新机器运转的理想燃料。如今，我们还开发出航空煤油，让飞机冲上云霄。这些液体燃料中的长烃链化合物所含的能量远高于煤炭，因此成为交通中浓度极高且轻便的动力燃料。石油不仅为汽车提供燃料，对铺设平坦的道路也至关重要——黏性沥青由原油中最长的烃链分子组成。

　　石油之所以如此诱人，是因为它的能源投入回报值（EROI）非常高，也就是说，只需要在提取和提炼过程中耗费少量能源，就能获得大量能源回报。它也比煤炭具有更高的可传输性：液态原油可以很容易地在很长的距离上沿管道喷出。正是这种高能量密度、易运输性和相对丰度的成功组合使石油成为当今世界上最重要的能源。它不仅是至关重要的燃料，它的年产量中约有 16% 未被燃烧，因此还被用作各种有机化学的原料，生产从溶剂、黏合剂、塑料到药品的各种产品。没有石油，现代集约化农业也不可能实现。它用于合成农药和除草剂，来控制农场的人工环境以实现高产；它为田间的拖拉机和收割机提供燃料，同时，人工肥料也由化石能源制备而成。于是，石油不仅为你的汽车提供动力，也进入了你的日常餐饮。

　　煤炭是地球上古老的沼泽森林经挤压和烘烤产生的，而石油和天然气则是由海洋小型浮游生物的残骸形成的。海洋中生物活跃的时间远远长于植物占据陆地的时间，但是为 21 世纪的文明提供动力的大部分石油实际上是在石炭纪森林茁壮生长了大约 2 亿年后才形成的。它们出现于如今消失的特提斯海中，时间大约在 1.55 亿和 1 亿年前地质活动剧烈的两段时期——侏罗纪晚期和白垩纪中期。

　　如今，阳光照耀的水面上挤满了成群的微小生物，它们统称为浮游生物。构成海洋生态系统基础的初级生产者是浮游植物，如矽藻、颗石藻和鞭毛藻等。这些单细胞光合作用生物通过吸收太阳能来捕获二氧化碳并用其产生糖和所需的所有其他有机分子；它们就像陆地植物一样，释放的副产品也是氧气。虽然亚马孙雨林常被称为地球之肺，但实际上，我们呼吸的大部分氧气源自海洋中漂浮的大量浮游植物。当条件适宜生长时，这些单细胞生物就会极端密集地聚在水中——大片混浊的蓝绿色鞭毛藻甚至从太空中都可以看到。

　　浮游生物王国还包括大量浮游动物——微小的食草和食肉动物，例如有孔虫和放射虫。这些微生虫能从它们形状精巧的硬壳中的孔里伸出小小的触角，来诱捕并吞食其他粗心的浮游生物。不过，浮游植物和浮游动物又会被鱼类（后成为较大鱼类的猎物）吞食，或者被鲸大口滤食，因此它们构成了整个海洋食物链的基础。如果浮游生物侥幸逃过捕食者的魔爪，走向自然死亡，它们就会被分解菌分解，从而将碳和其他基本营养物返回周围的生态系统。这种由初级生产者、掠食者、食腐动物和分解菌组成的浮游生物生态系统，复杂程度毫不亚于由草地、瞪羚、猎豹和秃鹫组成的塞伦盖蒂草原生态系统，只不过前者是后者微小的缩影，且发生在波光粼粼的海面。

　　浮游生物死后会沿着水层下沉，直至越来越晦暗的海洋深处，遇到被风吹入或被陆地河流冲刷而来的缓慢下沉的矿物颗粒。这种腐烂的有机质和无机物碎屑缓慢向海底沉淀的过程被称为海洋雪（marine snow）。如今，在全球海水的循环下，海洋的最深处也充满了氧气，因此大多数有机物残骸被细菌分解，将碳释放到环境中。

　　这就是如今绝大多数海洋中的情形。但是，要使海底聚集起最终变成石油的有机质碎屑，海水表面需要有大量的浮游生物，且要求海底氧气含量有限，以防细菌释放出碳，在海底形成有机质丰富的黑色泥浆（类似于之前讲过的煤层形成所需的条件）。然后，这种含碳泥浆被后来的沉积物进一步掩埋，被压扁并硬化成黑色页岩。这是原油和天然气的原始材料。随着掩埋深度越来越大，页岩被地球内部的热量烘烤，直至进入所谓的"油窗"深度（oil window）——温度约为50—100℃的地方。海洋生物遗体中的复杂有机化合物在这里慢慢熬煎后，分解成石油的长链烃分子。如果页岩暴露在高约250℃的温度下，这些长链甚至会发生深层化学反应，分解成小的含碳分子，主要是甲烷，但也有一些乙烷、丙烷和丁烷，即天然气。油窗通常出现在2—6公里的深度，而页岩可能需要1000多万年的时间才能被上方不间断的沉积作用掩埋到这个深度。

这一深度的巨大压力将液态油从其源岩中挤出，并穿过上覆地层向上回流。如果它在垂直向上涌动的过程中没有遇到任何将其拉回地下的阻力，那么石油便会从海底渗出。砂岩是非常好的储集岩，砂岩颗粒之间的孔隙像地质学海绵一样吸取着石油，而且其顶部有一层细颗粒泥岩或不透水的石灰岩，将石油和天然气密封在里面，可供人类向下钻取。

我们看到，今天的海洋已不再有这种情形。那么，在1亿年前的古代特提斯海中，究竟是什么导致了浮游生物残骸堆积并变成石油呢？

到白垩纪，庞大的盘古超大陆已经支离破碎，各大陆又开始分散，再没有横跨赤道的巨大陆地。此时环绕地球中部地区的是特提斯海的广阔水域，它将北部和南部的大陆阻隔开。这意味着当时的海洋环流模式迥然不同：有一股洋流可以环绕地球畅通无阻地流动。赤道洋流沐浴在热带阳光下，变得非常温暖。

事实上，白垩纪中期的地球就是一个酷热的温室，赤道海面温度高达25—30℃，两极的温度都高达10—15℃。两极没有冰盖，加拿大甚至南极洲都生长着茂密的森林。由于没有冰盖封锁大量海水，海平面也比今天高得多。此外，当时的地壳还发生了许多活跃的裂谷活动，随着各大陆的开裂，北大西洋和南大西洋得以形成。新的洋壳在这些海底扩张中心形成后，仍然温暖而活跃，向上凸起成绵长高耸的洋脊。这些高大的洋脊排开大量海水，使海平面上升得更高。于是，在炎热的气候和活跃的海底扩张运动的共同作用下，白垩纪晚期的海平面比地球历史过去10亿年中的任何时期都要高——可能比今天高出300米。

因此，大片陆地被海水淹没：欧洲大部分没于水下；西部内陆海道纵贯北美洲中部，从墨西哥湾直达北极（如第四章讲到美国东南部的选票分布时所见）；穿越撒哈拉沙漠的海路从特提斯海向南深入非洲，席卷了现在的利比亚、乍得、尼日尔和尼日利亚。剧烈的火山运动与愈发扩张的裂谷也向海洋中释放了大量营养物，造成浮游生物泛滥。所以白垩纪晚期不仅是一个深海的世界，还包括许多边缘浅海区，正是后者温暖的海水为浮游生物提供了理想的生长条件。

但是白垩纪海床的情况与今天也截然不同。在这个温室世界中，没有极地冰产生密度较大的冷水，我们第三章中探讨的热盐环流（thermohaline circulation）便无法进行，因为不存在包括深海水循环的全球洋流环流。最关键的是，温水中的溶解氧含量更少，而任何下降到深海的溶解氧都很容易被分解细菌耗尽。

以上所有因素导致白垩纪海床变成了一个缺氧的死亡区，那里的细菌无法正常分解有机物。同时，浮游生物在阳光照耀的温暖水面疯狂繁殖，在沉入海底时形成了名副其实的海洋暴风雪。这些有机物没有被分解，而是积聚起来并随着更多沉积物的沉淀而被掩埋。[1]与石炭纪低洼沼泽盆地中形成煤的森林一样，白垩纪海床的碳循环系统也遭到破坏，使有机质累积了数千万年。最后，缺氧的海床成为富含有机物泥浆的厚淤泥层，进而转变为大量黑色的页岩。因此，特提斯海中页岩大面积累积的时期被称为"黑死期"。

其实在较早或较晚的时段，地球上都出现过原油和天然气形成期，但迄今为止成果最丰硕的是侏罗纪晚期和白垩纪中期沉积在特提斯海大陆架周围的有机黑色页岩。现今石油和天然气最丰富的波斯湾，以及储量丰富的西伯利亚西部、墨西哥湾、北海和委内瑞拉，都得益于当时特殊的地质过程。

去除"中间商"

虽然煤炭推动了工业革命，石油带我们进入了现代技术文

---

[1] 今天的某些地区也出现了类似的海底缺氧条件，例如黑海的底部或秘鲁海岸上升流经过的地区，但在白垩纪时期，这些条件在世界各地普遍存在。

明，但人类对这些化石燃料的开采却带来了一些非常严重的全球性问题。自 17 世纪初以来，我们一直在疯狂挖掘地下埋藏的古老的碳。这是地球花费了数千万年才缓慢堆积起来的能源，我们在短短几百年就燃烧了大部分。尽管人们对石油峰值和原油供应减少感到担忧，但地下仍有大量可获取的煤炭——以当前的能耗速度必定还能使用几百年。从这个意义上讲，我们目前面临的不是能源危机，而是气候危机，这是我们过去解决能源短缺问题带来的恶果。

化石燃料的燃烧迅速提升了大气中二氧化碳的含量，如今的二氧化碳水平已经比工业革命之前高出 45%。实际上，人类目前的温室气体排放速度之快，在地质历史上至少近 6600 万年来是前所未有的。最接近的自然时期也许是我们在第三章中探讨的古新世—始新世最热事件，当时全球温度迅速上升，比今天高出 5—8℃。我们目前正在尽力（破坏环境）使地球的气候回到当时的水平。

这种温室气体进入大气层本身并没有问题，实际上，正是它们的保温作用使地球表面从来不曾完全封冻，这对于复杂生命的产生至关重要。[①]但二氧化碳水平的快速升高正在改变自然界目前的平衡，也影响着人类文明的存续。它使海水酸度越来越高，威胁着珊瑚礁以及我们赖以生存的渔业。此外，全球气候变暖反过来又促使海平面上升，威胁着我们的沿海城市；

---

① 在第六章中，我们不仅讲到"大氧化事件"如何形成人类长期开采的铁矿石，还提到它如何去除温室气体甲烷，从而催生了雪球地球。

世界降雨格局的变化也对农业产生了重大影响。

但是二氧化碳并不是化石燃料释放的唯一污染物。如前所述，在缺乏氧气的情况下，死去的有机物会停止分解，从而使碳积聚起来变成煤、石油和天然气。但这一条件也有利于硫化物的形成，这就是为什么现在的沼泽经常散发硫化氢独有的臭鸡蛋味——它随着化石燃料的燃烧释放出来，并与空气中的水分反应生成硫酸。因此，石炭纪煤田的缺氧土壤和白垩纪海床的沉积物也蕴含了未来的酸雨。

燃烧化石燃料就像放出了一个被困的妖怪：它满足了17世纪人类获得近乎无限能源的希望，但却怀着恶作剧般的恶意，让人类尝到了意想不到的苦果。

我们现在面临的挑战是扭转工业革命以来的趋势，使经济去碳化。本章前面讲到，在历史上，人类的集约化农业和林地采伐提高了收集太阳能的速度，阳光被转化为人体所需的营养以及生活所需的原材料和燃料。同时，我们还学会如何利用水车和风车驾驭自然力的机械能。当前气候危机的部分解决方案将是进行技术更新，重拾这些古老的手段。太阳能农场（光伏电站）可以直接生产电力，水电站坝和风力机在原理上与水车和风车相同，但生产力要远远超过这两个机械前辈。

但是，在人类为获取更多能源所做的不懈努力下，下一次根本性变革或许是利用核聚变——利用星体本身的能源。在第六章中，我们讲到星球内部的核聚变如何将氢原子融合在一起产生氦，并在此过程中释放出大量能量。世界上的某些设备已经在扩大主要核电站的实验反应堆规模方面取得了有效进展。我们可以从海水中提取聚变燃料，而且这种反应堆的运行不会产生二氧化碳或长期存在的放射性废物。所以聚变不仅能提供丰富的能量，还不会带来污染。从这个意义上讲，我们绕了一大圈又回到了原点：最早的农业社会利用农作物和砍伐的林地吸收太阳能，到现在我们在聚变反应堆中安装微型太阳，都是去除了"中间商"。①

---

① 大气中的二氧化碳水平若要自然恢复到工业化之前的水平，需要数万年时间。大约5万年后，米兰科维奇周期的重叠节律原应使地球重回冰川期，但是我们对大气层产生的影响意味着下一次冰期几乎肯定不会出现。因此，从人类的角度来看，当前的全球变暖的唯一生机在于，从长远来看，与其回到北半球覆满近千米深的冰盖、气候极其酷寒干燥、无法大面积发展农业的冰期，人类文明可能更加适应一个变暖世界的极端气候。

尾声

　　现在，从太空中可以清楚地看到城镇和都市的灯光所勾勒的人类世界——一个璀璨闪耀的人造星系。这幅合成图像由卫星制作，它在晴朗的夜晚遥远地拍摄地球，然后将它们拼接在一起，形成从太空观看地球的全知视角。这样看来，它几乎是一幅抽象画，是在没有云层遮挡的夜晚同时呈现整个世界。但它展现的并不是完整的人居环境——发展中国家的许多人口仍生活在偏远乡村，而是工业化的城市。即便如此，我仍认为它很好地说明了人类数千年来在地球上建立的文明，以及我们赖以生存的地球如何塑造人类。

　　人口最密集的地区一目了然：印度北部和巴基斯坦、中国的平原和沿海地区——两大文明发源地，以及美国东部的城市和路网，到中部大草原逐渐暗淡下来。人口稠密的北欧平原贯穿法国、德国、比利时和荷兰的部分地区，显出亮白色。这是公元第一个千年间，在铁斧、铁犁将森林和潮湿的黏土转变成高产农田后，人口缓慢而坚定地从地中海边缘转移到北欧的最终结果。地中海错综复杂的轮廓清晰显现（它是曾经极其辽阔的古代特提斯海的残留），特别是东部明亮的沿海地带，表现了以色列、黎巴嫩和叙利亚人口稠密的城市化现状。

　　陆地上的黑色区域同样富含信息。这些是不适合大量人口聚居的景观和气候带。山脉因其不可见性而愈发瞩目：意大利北部明亮的波河河谷（Po Valley）被郁郁葱葱的阿尔卑斯山遮盖，印度北部密集的光线被喜马拉雅山的轮廓突然切断。在澳大利亚心脏地带、阿拉伯南部和非洲北部，沙漠呈现为大片苍茫的黑暗。尼罗河谷的带状绿洲及其三角洲像一条燃烧的河流一样流淌过这片本不适宜人生存的土地。印度次大陆这片明亮的三角形在地球同纬度的沙漠带非常突出，因为季风季节性地从周围的海洋中吸取水分，为印度带来降水。

　　世界上不适宜人类居住的地方除了这些极端干旱区，还包括降水量丰沛、雨林茂密的赤道地区：非洲中部、亚马孙流域和印度尼西亚心脏地区。这些没有灯光的地区反映了哈德里环流圈（大气环流圈的一种）中的湿润上升气流和干燥下沉区域。

　　在亚洲，青藏高原令人难以企及的海拔和大陆内部沙漠的广袤黑暗阻断了人类活动的点点星光。而在整个大陆中心，有两条呈东西向延伸、大致平行的光晕。偏南的一条是穿越山脉和沙漠的古老丝绸之路。它曾经促进整个欧亚大陆的贸易和知识交流，将大陆两端的文化联系起来，如今，透过古老的绿洲城镇和贸易中心发展而来的城市的荣光，从太空中仍能看到它的印迹。偏北的一条则与干草原生态区重合，它曾经是一片籍籍无名的荒野，游牧民族从那里发难，威胁大陆周边的农业文明。该区域的西半部分现已被耕种，变成大片起伏的麦田，为整个气候带中像珍珠一样点缀在西伯利亚大铁路沿线的新城市提供了食粮。

　　你可能会说，人类历史上还有其他具有举足轻重作用的因素，这幅灯光图恐怕无法体现出来——例如，交错的行星风系和洋流巨大的环流圈。我们利用它们建立了庞大的洲际贸易网和海洋帝国，为工业革命提供了原材料和经济动力。不过，尽管无法看到气流和洋流，它们的影响却仍反映在此图像中。太空中可以看到渔船的灯光像萤火虫一样聚集在沿海地区，这里有上升流将营养丰富的海水带到表层，浮游生物和以其为食的鱼类可以大量繁衍，例如秘鲁的大陆架周围。从灯光来看，挪威、瑞典和芬兰的居住范围比同纬度的加拿大和西伯利亚地区要靠北得多。这是因为海上吹拂的西风和墨西哥湾暖流使它们的气候更温和——也就是依靠加勒比海的太阳能取暖。通过以北海、波斯湾和西伯利亚北部油田所产天然气为燃料的火炬烟囱，甚至可以看到地下深层的化石能源。

　　因此，这一幅图凝缩了迄今为止的人类故事——自诞生以来，我们取得了长足的进步。地球环境总在不断变化，地表特征和行星作用在整个人类历史中起着决定性的作用。人类这一物种出现在东非大裂谷独特的构造和气候条件下，宇宙周期带来的环境波动赋予了我们从猿人到太空人的诸多才艺和智慧。在此之前，5550万年前的古新世—始新世最热事件带来的极高温度峰值见证了灵长类动物以及有蹄类哺乳动物（其后代被人类驯养）的出现和迅速扩张。其他的全球性变化则更为缓慢，例如过去几千万年来的全球变冷和干燥趋势促使某些草种传播，后被人类培育为谷物作物。全球变冷趋势在反复出现的冰期达到顶点，冰期塑造了诸多地形，也使人类散布到全世界。

人类整个文明史只是当前间冰期的一个瞬间——一个短暂的气候稳定期。在过去的几千年中，我们挖掘出地下的岩层，将其堆积在地面上以建造建筑物和纪念碑。我们还挖掘出在特定的地质活动富集金属的矿石。在过去的几个世纪中，我们开采了某特殊时期古老的森林难以腐烂而形成的煤炭，还钻取了浮游生物在水下缺氧的海床中沉积所产生的石油。

现在，我们已将地球总土地面积的 1/3 变成了耕地。我们的采矿和采石场运输的物质比世界上所有河流的运载总量还多。此外，我们的工业活动释放出的二氧化碳比火山释放的还要多，导致整个地球的气候变暖。我们深刻地改变了世界，但直到最近才取得了对自然的绝对统治地位。地球为人类历史奠定了基础，其景观和资源将继续引导人类文明的发展。

因此，地球塑造了我们。

致谢

对所有大型写作项目来说，首先最应该感谢的是最初坚定不移地鼓励与指导作者的人，所以在这里，非常感谢给予了我极大帮助的经纪人：威尔·弗朗西斯（Will Francis）。还要感谢丽贝卡·弗兰（Rebecca Folland）、埃利斯·黑兹尔格罗夫（Ellis Hazelgrove）和柯斯蒂·戈登（Kirsty Gordon），伦敦的詹克洛（Janklow）和内斯比特（Nesbit），以及纽约办公室的 PJ. 马克（PJ Mark）、迈克尔·斯蒂格（Michael Steger）和伊恩·波拿巴（Ian Bonaparte）。当然，我也非常感激鲍利海出版公司（The Bodley Head）的斯图尔特·威廉姆斯（Stuart Williams）鼎力协助本书出版；尤其要感谢约尔格·亨斯根（Jörg Hensgen），他再次以出色的技巧和洞见编辑了我的手稿。约恩·邓恩（Eoin Dunne）协助整理了图片信息，而漂亮的封面要归功于克里斯·波特（Kris Potter）。另外要感谢企鹅兰登书屋的艾莉森·戴维斯（Alison Davies）、凯丽·马克斯韦尔·休斯（Ceri Maxwell Hughes）和安娜-索菲娅·沃茨（Anna-Sophia Watts）。

在本书的研究和撰写过程中，多位科学家和历史学家也慷慨相助，在此（按字母顺序）表示感谢：克里斯托弗·比尔德（Christopher Beard）、达维娜·布里斯托（Davina Bristow）、阿拉斯泰尔·库勒姆（Alastair Culham）、史蒂夫·达奇（Steve Dutch）、克里斯·艾维奇（Chris Elvidge）、艾哈迈德·法西赫（Ahmed Fasih）、迈克·吉尔（Mike Gill）、菲利普·金格里奇（Philip Gingerich）、理查德·哈丁（Richard Harding）、威尔·霍桑（Will Hawthorne）、尼古拉斯·克林格曼（Nicholas Klingaman）、保罗·洛卡德（Paul Lockard）、约瑟芬·马丁（Josephine Martin）、马克·马斯林（Mark Maslin）、奥古斯塔·麦克马洪（Augasta McMahon）、泰德·尼尔德（Ted Nield）、林肯·佩恩（Lincoln Paine）、尼古拉斯·罗杰（Nicholas Rodger）、戴夫·罗瑟里（Dave Rothery）、马克·塞普顿（Mark Sephton）、詹姆斯·舍温-史密斯（James Sherwin-Smith）、鲁思·西德尔（Ruth Siddall）、菲尔·史蒂文森（Phil Stevenson）、多里克·斯托（Dorrik Stow）、斯图尔特·汤普森（Stuart Thompson）、克里斯蒂安·范·兰斯科特（Christiaen van Lanschot）、克里斯托弗·韦尔（Christopher Ware）、肖珊娜·韦德（Shoshana Weider）、查克·威廉姆斯（Chuck Williams）、斯科特·温（Jean Wing）和简·扎拉斯维奇（Jan Zalasiewicz）。

能与你们合作是我的无上荣幸。